U0336242

新时代乡村振兴路径研究书系

# 乡土民居
# 与旅游发展研究
## ——以宜宾市为例

解 巍／著

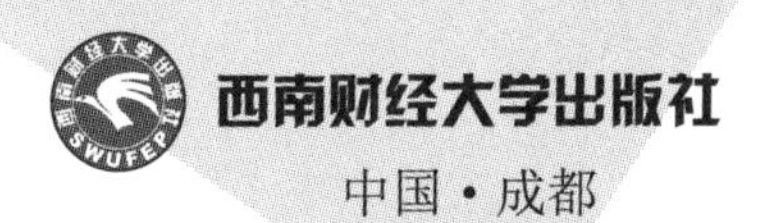


中国・成都

**图书在版编目(CIP)数据**

乡土民居与旅游发展研究:以宜宾市为例/解巍著.
成都:西南财经大学出版社,2024.9. --ISBN 978-7-5504-6404-9
Ⅰ.TU241.5
中国国家版本馆 CIP 数据核字第 2024CB4652 号

**乡土民居与旅游发展研究——以宜宾市为例**
XIANGTU MINJU YU LÜYOU FAZHAN YANJIU——YI YIBIN SHI WEI LI
解 巍 著

责任编辑:向小英
责任校对:杜显钰
封面设计:墨创文化
责任印制:朱曼丽

| | |
|---|---|
| 出版发行 | 西南财经大学出版社(四川省成都市光华村街 55 号) |
| 网 址 | http://cbs.swufe.edu.cn |
| 电子邮件 | bookcj@swufe.edu.cn |
| 邮政编码 | 610074 |
| 电 话 | 028-87353785 |
| 照 排 | 四川胜翔数码印务设计有限公司 |
| 印 刷 | 郫县犀浦印刷厂 |
| 成品尺寸 | 170 mm×240 mm |
| 印 张 | 10.5 |
| 字 数 | 161 千字 |
| 版 次 | 2024 年 9 月第 1 版 |
| 印 次 | 2024 年 9 月第 1 次印刷 |
| 书 号 | ISBN 978-7-5504-6404-9 |
| 定 价 | 68.00 元 |

# 前言

习近平总书记指出："乡村文明是中华民族文明史的主体，村庄是这种文明的载体，耕读文明是我们的软实力。""农村是我国传统文明的发源地，乡土文化的根不能断，农村不能成为荒芜的农村、留守的农村、记忆中的故园。"习近平总书记有关乡村文明、乡土文化的重要讲话精神启发着我们重新认识乡土民居。

乡村性是中华民族传统文化的主色调，乡土则是一种以农业景观元素为基底、乡土建筑为主镶嵌的特殊空间表达。曾几何时，随着中国式乡村振兴的快速推进，与我们情感空间相互投射的乡土民居被越来越多的风格单一、材质统一的城市聚落样板式建筑取代。地方性、非正统乡土民居在安全性、功能合理性和美学价值上显得越来越不自信。但事实不是这样的，也不应该是这样的。从文化根源来看，乡土民居有其独特的社会价值、文化与美学价值，历史性的乡土民居需要保护和持续存留，新建建筑应该注重从乡土民居中汲取地域性设计元素，让人们的乡土情结能够找到空间存留地和空间唤醒物。基于这样一种认知和理解，笔者及团队在文旅相关研究的过程中，一直把乡土空间、乡土民居作为最重要的关注和研究对象之一。

本书分为五章。第一章乡土民居概述，主要是通过对乡土民居的界定来阐明其应有的价值。第二章乡土民居与旅游业，旨在从保护性传承、保护性利用的视角来分析乡土民居作为资源和产品对各地旅游业发展的重要意义；同时，通过乡土民居保护的国际共识和中国乡土民居保护的政策呈现，给读者以全面认知、思考分析的空间。第三章宜宾乡土民居。宜宾是笔者和团队文旅关注视野的聚焦地与文旅实践足迹的核心区，所用素材大都是研究或项目推进过程中的第一手素材。宜宾地处西部内陆、长江上游的起点，封闭与开放、开发与保护、守成与创新是这座历史文化名城每天都会上演的文化博弈。其乡土民居会成为当地重要的文旅资源或文旅产业高质量发展的切入点之一吗？这是值得探究的话题。第四章宜宾乡土民居文旅开发的路径。本章在前面三章的基础上尝试从宜居美丽乡村打造、借力文旅产业发展、借助数字化手段、保护与利用创新等方面提出宜宾乡土民居文旅开发的路径。第五章宜宾乡土民居保护和开发实践案例。本章展示了“万里长江第一城、中国白酒之都、中华竹都”乡土民居文化价值和美学价值的保护、活化利用成果，也希冀为研究者提供来自川南的乡土民居案例素材，同时激发部分读者“品五粮佳酿、游蜀南竹海、住川南民居”的旅游体验动机。

本书中使用的图片大部分为笔者自己拍摄，其余来自朋友们的拍摄，在此感谢朋友们的相助。感谢宜宾市相关文旅部门、景区及文旅企业给予我们学习实践的机会。感谢笔者所在单位宜宾学院经济与工商管理学院对本书出版的大力支持和资助，感谢笔者的同事、朋友对本书提出的宝贵意见和给予的帮助，同时也感谢西南财经大学出版社陈何真璐老师的辛苦付出。

解　巍

2023年12月

# 目录

# 第一章　乡土民居概述

## 第一节　乡土民居的概念

“乡土”是中国文化的重要底色。乡土本意是指家乡的土地，引申为家乡。20世纪20年代，鲁迅指出了乡土文学的主要特征：“侨寓异地”，关注故乡，“隐现的乡愁”，此后“乡土”一词得以流行，并被赋予了文化内涵。

“民居”是中国建筑学中的一个重要概念，泛指各地民间的居住建筑及其所处的环境。居住建筑是人类社会最早出现、最普遍存在的建筑类型。在中国，最早使用“民居”一词的是《周礼》，它是与“皇居”相对的，指的是除皇室之外的百姓和贵族的住宅。到了20世纪30年代，中国营造学社的梁思成、刘敦祯等人开始对中国建筑历史进行系统的研究，他们首次提出了“民居”这个学术概念，并在1935年3月出版的《中国营造学社汇刊》第五卷中多次使用了这个词语。经过近一个世纪的发展，民居研究的对象已经不仅限于一般的居住建筑，而是扩展到了所有非官方的民间建筑，包括住宅以及与之相关的祠堂、书院、会馆、庙宇、店铺等具有地方特色的传统建筑。它的关注范围更是从“民居”延伸到“聚居”，再进一步走向“人居”，包括所有的城镇乡村聚落及环境。著名的建筑学家陈志华认为：“我们的乡土建筑研究从聚落下手。这是因为，绝大多数的乡民生活在特定的封建宗法制的社区中，所以，乡土建筑的基本存在方式是形成聚落。”

与“乡土”对应的英文词汇为“vernacular”，意思是本地语或方言。在欧美学术界，“vernacular”除具有语言学的含义外，还被用来形容那些非标准、非官方、非中心的，属于某个地方的事物。“vernacular architecture”（乡土建筑）是指非纪念性的、通常分布在城市以外的建筑。1999 年 10 月，《关于乡土建筑遗产的宪章》（以下简称《宪章》）在墨西哥大会上通过。《宪章》提出，乡土建筑是社区自己建造房屋的一种传统和自然的方式，是一个社会文化的基本表现，是社会与它所处地区的关系的基本表现，是世界文化多元性的表现。《宪章》提出，乡土性几乎不可能通过单体建筑来表现，最好是各个地区通过维持和保存具有典型特征的建筑群与村落来加以保护。

我国学者对乡土民居的理解与《宪章》中提出的通过保存建筑群和村落来保护乡土性的观点不谋而合。在曾经的中国民居建筑学术会议上，就有人将欧美学者常用的“vernacular architecture”与中国学者常用的民居进行了直接对应的翻译。1997 年，陈志华在《建筑师》上撰文，建议用“乡土建筑研究”替代“民居研究”，认为乡土建筑研究包括民居和其他各种建筑类型的研究。他的观点得到了许多学者的认可。

鉴于“乡土民居”尚无确切的定义，且乡土民居在过去一直未与乡土建筑有严格区分，而是把城市以外地区的建筑，不只是居住建筑，还包括礼制建筑、宗教建筑、文教建筑等都笼统地概括在乡土民居之下，因此，本书中仍使用“乡土民居”的概念。乡土民居主要是指在一个城市之外，反映地方乡土文化的居住建筑及其聚落环境，既包括单体居住建筑，也包括礼制建筑、宗教建筑、文教建筑等与乡土生活密切相关的建筑，以及与居住建筑群相互联系而形成的村落和场镇。

## 第二节　乡土民居概览

### 一、世界各地的传统乡土民居

#### （一）《没有建筑师的建筑》引发全球关注

1964 年 11 月—1965 年 2 月，著名的建筑理论家鲁道夫斯基在美国纽约现代艺术博物馆举办了一次名为“没有建筑师的建筑”的主题展览，介绍与展示了世界各地充满地域与民族特色的乡土建筑，其中包括中国洛阳的地坑院、西班牙阿尔梅里亚省的莫哈卡尔山城、苏丹多贡的崖居、摩洛哥中阿特拉斯艾季迪尔高原上用黑山羊毛毡制成的棚子度假营地等，并在1964年出版了同名专著《没有建筑师的建筑》。这次展览及这本专著的出版在建筑界引起了极大的轰动。这本书也成为倡导研究“非正统”建筑的开山之作，从出版至今一直是这一领域最有代表性的经典著作之一。

鲁道夫斯基在《没有建筑师的建筑》这本书的序言中写道：“西方世界所撰写和传授的建筑史，一向只是关注某些精选的文化。从空间的角度来看，它只包括地球的一小部分……除此之外，建筑史也同样受到社会偏见的影响。如同为标榜权力和财富而做的建筑师名录一样，一本建筑作品选集通篇都是为特权阶层所修建的，为他们服务的房屋，包括那些真真假假的神祇，却只字未提平头百姓的房屋。”

《没有建筑师的建筑》一书将观察点聚焦于鲜为人知的非正统建筑领域。鲁道夫斯基认为，这些建筑没有一个统一的名称，可以称之为“乡土建筑”“无名建筑”“自生建筑”或“农村建筑”。他指出，这些建筑是由普通人根据自身的居住需要而创造的，不受建筑师的设计和规范的约束，而是受到了人类的生活方式、文化传统、自然环境等多方面因素的影响。他认为，建筑师应该从这些建筑中汲取灵感和教训，而不是只关注“经典建筑”如宫殿、摩天大楼等。他举例介绍了世界各地的非正规建筑，包括穴居、柱廊商店、学校、工厂等，甚至贫民窟建筑，都展现了人类的创造力和适应力。

如鲁道夫斯基以“地下住所，地上良田”为题，介绍了位于我国陕西省的地坑院民居。他说：处于中国黄土地带的地下城镇和村庄，代表了在田野上修建掩蔽所的最根本解决方法之一。黄土是沙土，随风迁移和沉积。由于它具有多孔性和很高的松软度，因此比较容易挖开。有些地方，路面被车轮碾压后，竟低于原始地面40英尺（1英尺=0.304 8米）。在河南、陕西、山西和甘肃等省份，有上千万人生活在从黄土地里挖出来的住所中。“人们可以看到，炊烟会从田野上袅袅升起，而在人的视野里却见不到任何房子。”同样，乔治·巴布科克·葛德石（1896—1963，美国地理学家）在他的《五亿人民的国家：中国地理志》（*Land of the* 500 *Million*: *A Geography of China*）一书中写道：“这样的土地发挥着双重职能——地下住所，地上良田。”居室整洁，没有虫害，冬暖夏凉。不仅住屋处于地下，工厂、学校、旅馆以及政府办公场所也完全建在地下。

（二）不同地域特色的乡土民居

由于世界各地自然和人文环境相去甚远，差异极大，而乡土民居是为居住在特定区域的人们服务的，因此必须与它所处的环境紧密相连，不能脱离所在地的生活方式，并要满足特定地域的人们的生活需求。因此，乡土民居与地方的气候、环境、地形地貌密切相关，是它所处时代和地区的经济、技术、自然条件及文化精神的反映。正如吴良镛所指出的，“建筑本是地区的建筑，是建筑的基本属性，是建筑赖以存在、发展的基本条件之一”。如蒙古包、牧场平房、冰屋、高脚屋等都是对不同地方自然条件和文化环境的反映。

蒙古包（见图 1.1）既是蒙古族牧民的典型住房，也是中亚地区游牧民族常见的住房形式。蒙古包呈圆形，由木质的骨架和毡制的外套构成，外面用鬃毛绳子勒紧。蒙古包的结构简单，可以适应游牧生活的需要，易于拆卸和迁徙，毡制的外套可以保温隔热、防水防尘，天窗可以通风采光、调节室内温度；围毡可以根据季节的需要掀开或放下，以适应草原气候的变化。

图 1.1　蒙古包

牧场平房始建于20世纪20年代的美国，在40~70年代蓬勃发展，特别是在美国西部，由于这一时期经历了“人口爆炸”，人们对住房的需求也相应增加。牧场平房以其长而接近地面的轮廓和最小的外部与内部装饰而闻名，形成了一种非正式和随意的生活方式。现在在美国郊区仍然随处可见这类平房。

瑞士小木屋是一种典型的阿尔卑斯山地建筑，由山区的农民用当地的木材建造而成。这些小木屋的结构简单而坚固，以木桩或石头为基础，以原木为墙壁，以“人”字形的屋顶为顶盖，以排除冬季的积雪。尽管人们现在不再需要在山上的小木屋里生活，但是小木屋的风格并没有消失，而是被保留下来，成为瑞士民居的代表性风格之一。在山下和平地，人们依然沿用小木屋的设计理念，建造出优雅舒适的木制别墅。这些别墅不仅保留了小木屋宽阔的屋檐、精美的雕刻和木质的外观，还增加了鲜花和绿植的装饰，营造出一种自然和谐的氛围。

冰屋是由格陵兰岛和加拿大的因纽特人建造的，冰屋呈圆球形，圆球形可以抵抗风力和减少外露的屋顶面积（见图1.2）。内部采用兽皮帷幔，以避免人体的热量辐射到冰雪墙上，并减少内层冰面的通风。冰屋可以建造成不同大小的房间，有些冰屋有很多个房间，每个房间最多可以容纳20个人。

伊兹巴是一种传统的俄罗斯乡村住宅，通常用雕刻精美的木材建造而成，包括一层木屋和一个小阁楼。木屋的承重墙由整根原木叠摞而成，在墙角处互相咬榫，结构十分稳固。木屋的屋顶呈陡坡形，既可以减小大雪对屋顶的压力，也便于清除积雪。门口有门廊和楼梯，在门廊、屋檐、窗棂上装饰有木雕。虽然伊兹巴的元素在俄罗斯农村的房子里仍然很常见，但只有更老的小木屋才被称为“伊兹巴”。

高脚屋（见图1.3）至今在东南亚地区、中美洲和大洋洲地区仍然很常见，特别是尼加拉瓜的东北部和巴布亚新几内亚。它是气候湿润、雨量充足地区一种普遍的民居形式。高脚屋一般分为上、下两层，上层住人，下层无墙，只有数根木桩，用于放置家具和其他物品。高脚屋便于通风透气，既凉爽又干燥，还可以防备蛇虫袭扰；房顶的坡度较大，以便于雨水快速倾泻。

图 1.2　冰屋

图 1.3　高脚屋

日本将民居称作“民家”。日本现存的民居大多是江户时代（1603—1868 年）以后的建筑。日本民居中最为大家所熟悉的是被称为“合掌造”的民居，该民居因为外形犹如双手合掌施礼而得名。目前，以位于日本岐阜县大野郡白川村荻町地区的白川乡合掌造村落最具代表性。1995 年 12 月，该民居被列入了世界文化遗产名录。

英国乡土民居。英国政治家斯坦利·鲍德温曾有句名言：“英格兰就是乡村，乡村才是英格兰。”最早进入工业时代的英国人热爱乡村生活，故各种庄园、别墅及农舍遍布乡野。中世纪的英国民居主要是木质结构，16 世纪后石灰石、砖、木材和茅草等建筑材料被广泛使用。17～19 世纪，伊丽莎白式、乔治式和维多利亚式建筑风格相继出现，包括早期农舍、庄园、教堂和农场等各类乡村建筑，这些建筑物拥有独特的建筑风格和细节，如门廊、石雕和窗户等。如位于英国伦敦西面的科茨沃尔德在 1966 年被评为法定特殊自然美景区。这里完美地保存着上百个古老优雅的村落，被誉为“世界最美的三大乡村”之一。

## 二、我国的传统乡土民居

### （一）传统乡土民居的类别

我国国土辽阔，民族众多，加之地域、气候、材料、习俗、经济等方面的差异，民居建筑的类型极为丰富，因而也产生了各种各样的分类方法。

梁思成先生在《梁思成中国建筑史》中谈道：就全国而言，民居有共同的特征，如在平面布置上为一正两厢的四合院，在结构上以架构建筑为正统方法。然而，各地区又体现出各自的特点，因此可分为华北及东北区、晋豫陕北之穴居窑居区、长江以南各省在内的江南区等。

刘致平在《中国居住建筑简史》一书中，将清代民居分为穴居、干阑、宫廷式建筑（庭院式宅第）、碉房、“阿以旺”住宅、蒙古包、干井式七类。

刘敦桢在《中国住宅概说——传统民居》一书中，根据民居的平面形状，将其分为圆形、纵长方形、横长方形、曲尺形、三合院、四合院、三合院与四合院混合、环形与窑洞式住宅九大类。这种分类方法以形式为主，从简单到复杂，体现了民居的结构和空间组织特征。

陆元鼎在《中国民居建筑》一书中，根据民居的人文背景和地区自然条件，将其分为院落式、窑洞式、山地穿斗式、客家防御式、井干式、干阑式、游牧移动式、台阶式碉房、平顶式高台九大类。这种分类方法以功能为主，体现了民居的文化内涵和人们的生活方式。

孙大章根据自然科学界的纲、目、科、属、种的分类原则，按类、式、型三级对民居进行研究，将民居分为庭院类、单幢类、集居类、移居类、密集类、特殊类六大类。

住房和城乡建设部于2014年发起了中国传统民居调查工作，该工作涵盖了全国31个省（自治区、直辖市）以及港澳地区，对各地的传统民居类型、代表性建筑和传统建筑工艺人进行了系统的梳理和记录。这次共调查了1 692种民居、3 118栋代表性建筑和1 109名传统建筑工艺人，总结出599种传统民居类型，并将其编纂成《中国传统民居类型全集（上中下）》。

（二）常见的乡土民居形式

我国常见的乡土民居有窑洞式民居、干栏式民居、庭院式民居、土楼式民居、江南水乡民居、藏族和维吾尔族民居等，其中庭院式民居最为普遍。

（1）庭院式民居。“庭院”即用围墙围起来的建筑空间，如四合院，带有非常显著的庭院设计特点。四合院是以正房、东西厢房围绕中间庭院形成平面布局的传统住宅的统称（见图1.4）。四合院在中国的乡土民居中的历史最悠久，分布最广泛。山西、陕西、北京、河北的四合院最具代表性。

图1.4　庭院式民居

（2）窑洞式民居是北方黄土高原上特有的中国乡土民居形式，具有十分浓厚的民俗风情和乡土气息（见图1.5）。窑洞分为土窑洞、石窑洞、砖窑洞、土基子窑洞等。中国的窑洞式民居大都集中于晋中、晋西北、陕北和甘肃陇东一带。

**图1.5　窑洞式民居**

（3）江南水乡民居，以江苏的苏州、浙江的绍兴等地的居民为代表。南方水乡的水网密布，地势平坦，房屋多依水而建，门、台阶、过道均设在水旁，民居自然融于水、路、桥之中，雕刻装饰虽多，但极少用彩画，墙用白瓦青灰，木料则为棕黑色或棕红色等，总体风格以清新淡雅为主（见图1.6）。

（4）云南"一颗印"民居主要分布在云南滇中高原地区，这里四季如春。最常见的"一颗印"民居的形式是毗连式，三间四耳，即正房三间，耳房东西各两间。外墙一般为无窗、高墙，主要是为了挡风沙和保障安全，住宅地盘和外观方正，当地人称为"一颗印"。

（5）山西与山东民居。山西太行山区与山东胶东丘陵一带的民居形式类似，单门独院，有门楼，两面坡屋顶。由于山高石料普遍，依照传统建筑材料就地取材原则，故砖石住宅较多。山西民居还多见砖雕等装饰。

图 1.6　江南水乡民居

（6）徽派民居是汉族传统民居建筑的一个重要流派。徽派民居主要分布于古徽州地区及周边地区。徽派民居在选色上以黑白为主，外部形态由大块白色墙体构成，有高低错落的五叠式马头墙。砖雕、石雕和木雕的形式丰富、题材广泛，工艺精湛。徽派民居集中反映了徽州的山地特征、风水意愿和地域美饰倾向（见图 1.7）。

图 1.7　徽派民居

（7）吊脚楼，也叫“吊楼”，为苗族、壮族、布依族、侗族、水族、土家族的传统民居，渝东南及桂北、湘西、鄂西、黔东南地区的吊脚楼也特别多（见图 1.8）。

**图 1.8　吊脚楼**

（8）蒙古包是蒙古族牧民居住的一种房子，适于牧业生产和游牧民生活。蒙古包内宽敞舒适，用特制的木架做“哈那”（蒙古包的围栏支撑），用 2~3 层羊毛毡围裹而成，之后用马鬃或驼毛拧成的绳子捆绑而成，顶部用“乌耐”作为支架并盖有“布乐斯”，以呈天幕状。其圆形尖顶开有天窗“陶脑”，上面盖着四方块的羊毛毡“乌日何”，可通风、采光，既便于搭建，又便于拆卸移动，适于轮牧走场居住。

（9）藏族民居。在广阔的藏区，散布着形式多样的民间居住建筑，藏北的帐房、西藏南部谷地的“碉楼”、雅鲁藏布江流域林区的木结构建筑，均具有浓厚的民族特点和地域色彩（见图 1.9）。

图 1.9　藏族民居

## 三、我国当代乡土民居

### (一) 影响当代乡土民居演变的因素

1. 城市化

(1) 人口。改革开放以前，我国绝大部分人口居住在农村，城镇化水平较低。伴随国家改革开放和全球化发展，我国经济活力被激发，经历了一个快速工业化、城镇化过程。在这个过程中，全国城镇化率从 1978 年的 17.9%提高到 2022 年年底的 65.2%，有 7 亿多人口从农村来到城市，大批农民入城务工、定居，人员与劳动力向城镇大量转移，使得乡村的生产、生活不复以往。

(2) 家庭结构。中国人的传统观念是追求人丁兴旺、多子多福，但是随着社会经济的发展和生产方式的变迁，家庭结构也发生了显著的演变，从扩展家庭向核心家庭转型。家庭结构的变化直接反映在居住建筑的形式和功能上，如传统的庭院建筑由于占地面积大、内向封闭、空间划分固定等特点，已经不能适应现代社会多样化、灵活化、开放化的生活需求，因此已经不再是现代家庭的必然选择。

（3）生活方式。在传统农业社会，人们的社会交往主要局限于本村和周边的一些聚落，交往的场所包括村内的祠堂、社屋、廊桥等公共建筑，以及田间村头、桥头河边、巷道街廊等公共空间。市场经济发展使乡民的活动范围扩大，也促进了社会交往的多样化和开放化。农民的生活方式在消费、休闲、交往等方面逐渐与城市居民接轨，一些新的公共建筑和设施，如文化活动中心、运动场、敬老院等，成为聚落新的构成要素。

（4）审美。随着城乡人口流动速度加快，农村地区人们的价值观和审美观念也受到城市的影响。现代城市的建筑风格、模式被认为是“更为先进”的。因此，乡村新建住房模仿城市风格甚至欧化的现象明显，如很多乡村流行“罗马柱”和“欧式雕花”等装饰。

2. 经济发展

过去，传统乡土建筑如果不是因战火、天灾而被毁坏，居民会不断对其进行维护、修缮，长久使用直至其寿命极限，因而今天我们还能看到许多古老的村落仍保留着明清时期建造的房屋。然而，在当代，随着乡村经济水平的提升，尤其是家居方式和消费观念的变化，人们普遍认为陈旧的老屋与现代生活方式不相匹配，拆旧建新几乎成了乡村居民普遍的追求。许多村落在短短几十年时间里，民居从茅屋到瓦房，从平房到楼舍，完成了数代更替。

3. 技术进步

建筑技术的更新是社会变迁的重要驱动力之一，中国建筑发展的历史也证明了这一点。数千年前，榫卯技术的发明和普及突破了“绑扎”连接的局限，使得木结构建筑达到了较高的技术水平。周代以来，瓦、陶、砖等材料的发明和应用，明显提高了建筑质量，改善了人们的居住条件。汉代以后，多层、高层木结构建筑技术的发展，使得依靠夯土台增加建筑体量的“台榭”类形态逐渐消失。随着制砖技术水平的提高，民居中出现了许多砖木混合结构的建筑，一直延续到当代。近代以来，水泥、钢筋混凝土、铝合金以及面砖等各类装饰材料的广泛使用，新的建造技术和设施的普及，对于民居建造的影响也是显而易见的。

4. 建造方式

过去，村民建房除请一些必要的工匠外，一般性的建造工作主要还是靠亲友邻舍帮忙完成的。现在，居民建房大都不再依赖亲友邻舍的帮助，一般都会承包给“准专业”的乡村施工队，甚至请真正的专业设计人员参与。

5. 政策引导

与传统民居占地面积较大相比，当前政策倡导节约耕地、聚落空间集约化，并从建设项目选址、规划设计、环境建设、村容风貌等方面提出了具体要求与指导意见。近年来推进的合村并居、新农村建设、美丽乡村建设等政策对乡土民居的聚落布局、建筑风貌等影响较大。

（二）当代乡土民居现状

1. 居住条件明显得到改善

随着社会经济发展，农村住房面貌明显改善，农村新建住房越来越多，乡村新建民居以楼房为主体，人均住房面积不断增长。2019 年，我国农村居民人均住房面积增加到 48.9 平方米，居住空间不断扩大，较 1978 年增长约 5 倍。

2. 乡土民居特色逐渐消失

由于大部分村民对传统建筑文化的保护和传承意识不强，盲目跟随城市建设装饰风格，地方材料和有价值的传统技术方法被弃用，加上缺乏理论指导及专业介入，农村住宅建设出现了建筑风格样式趋同、缺乏民族文化和地域特色等问题。原来富有地方性的、采用地方材料、多种结构方式建造的传统乡村住宅，逐渐被千篇一律的钢混、砖混住宅代替，缺乏地方特色的农村住宅出现在全国各地。

3. 聚落形态发生改变

随着交通、通信条件的改善，聚落与外界的联络和交往日趋频繁，聚落形态也由封闭趋向开放。各类新建筑的出现，与老建筑相互掺杂，聚落景观和肌理呈现出过渡性的多样化特点。农村住房建设布局从依水依地而建的传统村落布局转变为依路而建的形态，大部分村庄布局逐渐发展成沿道路呈带状分布。

4. 村落“空心化”现象突出

随着城市化进程加快，许多乡村居民为了获得更好的居住和工作环境选择迁出乡村，从而使得民居利用率降低，传统村落“空心化”现象严重，民居大量闲置。

## 四、我国新乡土民居的兴起

### （一）新乡土民居的出现

近年来，随着人们对环境保护、可持续发展和文化传承的关注程度持续提升，乡村地区的改造和再开发成为热门话题。一些设计师和建筑师开始尝试将传统的乡土建筑与现代设计相结合，以创造出更加符合现代生活需求的新乡土民居。在这种诉求下，新乡土民居应运而生。

### （二）新乡土民居的设计理念

新乡土民居是一种建筑形式，它在继承传统的乡土建筑特点的基础上，引入现代设计理念和技术，以满足当代社会和环境的需求。它是对传统乡土建筑的总结、提炼和传承，并赋予其新的生命力。新乡土民居虽然源于传统的乡土建筑，但它并不是对其建筑形式的简单模仿和建筑符号的刻板套用，而是更具有现代性，更能为现代生活提供便捷高效的功能使用。同时，相比于现代建筑，新乡土民居又强调建筑的地域性，更注重地方建筑特色，通过建筑空间、材料等为使用者提供地域记忆和场所归属感。正如《世界乡土建筑百科全书》中所勾勒的新乡土建筑的轮廓：传统空间和建筑形态的撷取、地方材料和传统技术的运用、与自然景色的有机和谐、民族地域特性的赋形和显象……这些都离不开“传统性”和“地域性”两大本体特征。

1. 传统与现代融合

新乡土民居强调传统元素与现代设计的有机融合。建造时可以运用传统的建筑材料，如木材、石头、瓦片等，但在设计中赋予其现代化的功能。例如，运用传统的石砌技术建造外墙，但在内部融入现代设施，以提高舒适性。利用新型材料和技术进行传统造型，如运用现代的玻璃材料制作传统的拱形窗户，创造出既具有传统造型又具有现代功能的效果。

2. 文化传承与创新表达

新乡土民居的设计既尊重传统文化，也注重创新表达。通过建筑装饰、材料选择等方式，运用现代设计语言和创意手法，重新演绎传统元素，使传统元素以新的形式呈现，营造出独特的文化氛围和视觉效果，使其在民居中得以焕发新的生命。

3. 可持续性与生态友好

新乡土民居注重环境友好型设计，往往使用可再生材料、高效节能技术，如太阳能、雨水收集系统等，以减少能源消耗，降低对环境的影响。同时，追求景观与人居融合，设计不仅局限于建筑本身，还包括与周围自然环境的融合，利用景观设计、庭院布局等手法，创造出与自然和谐相处的居住体验。

（三）新乡土民居的实践运用

当下，新乡土民居的概念逐渐得到认知和传播。许多建筑设计师和文旅机构开始投入乡村地区的民居设计项目中，尝试将传统与现代相结合，创造了具有创新性和文化价值的建筑。这些项目涵盖了住宅、民宿、文化空间、农庄等不同类型，通过保留传统元素、改善居住条件和提供文化体验，既为乡村地区注入了新的生机，也为人们提供了在乡村享受传统与现代相结合的美好生活的可能性。

**案例 1-1：东梓关村回迁农居**

富阳区位于浙江省杭州西南部，因富春江贯穿全城，古称“富春”。富春江东岸的东梓关村曾是富春江水运交通的要道，保留了一批江浙风格的乡土民居。2016 年，当地政府决定采用政府代建模式进行回迁安置，并打造具有一定推广性的新农居示范区。考虑到村民重建老宅的需求和保护历史建筑的需要，最后选址在村南一片土地上新建农民回迁房。回迁房由绿城设计，设计师充分听取了当地村民对居住的诉求，保留了传统院落形式，提炼传统地域民居要素并将其转译为现代语言，力求还原乡村的原真性，打造了具有江南意境的当代乡村。在该项目完工后，民居展现出吴冠中先生江南水乡画中白墙黑瓦空灵清丽的特质，受到了当地居民和游客的一致好评。

资料来源：东梓关农居：新农村建设的又一典型案例 - 有方（archiposition.com）。

**案例 1-2：木兰围场**

木兰围场位于河北省东北部，与内蒙古草原接壤，自古以来就是一处水草丰美、动物繁衍的草原，是清代皇帝举行“木兰秋狝”之所。“漂亮的房子”之木兰围场项目由上海华都建筑规划设计有限公司设计、北京聚思传媒文化有限公司建设。设计师从传统蒙古包中寻求灵感，通过地域性的传统建筑将其作为现代化的演绎，形成和谐而又有特色的造型；使用当地的材料构建，找来当地的老木梁、老藤条和毛石块形成主要的建筑立面，并通过周边环境的构造，在大环境中形成微地形，将建筑融入地方自然环境中。在平面上通过双环相扣的两个圆形共同形成公共活动区域，拓展了原有蒙古包的平面布局，同时通过突出的方体形成扩展的半私密空间。这种平面布局形式源于传统的蒙古包，同时使得功能更符合现代生活的需求。在立面的装饰纹样上，结合了传统蒙古包的纹饰特点，通过粗细不一的木杆件组合，形成了充满特色的花瓣造型屋顶。室内空间则以传统蒙古大帐的空间感受为灵感，通过纵横交错的木杆件，重塑蒙古大帐室内公共空间。

资料来源：木兰围场：蒙古包的现代演绎 / 上海华都 - 有方（archiposition.com）。

## 第三节　乡土民居的价值

### 一、美学价值

乡土民居的建筑风格和结构设计都受到了当地文化、气候、地理等多重因素的影响。这使得每一座乡土民居都有其独特的美学价值，是历史与文化的融合。透过这些建筑，我们可以看到一种与自然和谐共生，既注重细节和实用性又不失美感的建筑哲学。

（一）与自然的融合赋予乡土民居独特的美学魅力

乡土民居通常依托地域的自然环境，并融合当地的地形，在设计和建造中采用灵活自由的设计手法，在材料使用上因地制宜，从而创造出与自然和谐共生的建筑形态。

例如，在山区，由于地势的变化，乡土民居的布局往往采用分层的方式，以充分利用坡地，形成错落有致的景观。在平原地区，乡土民居更趋向于平整的布局，凸显开阔的视野。例如，徽州民居聚落强调“负阴报阳”，在对地形的应用上，“傍山丘则依山势，沿河溪则顺河道，有平地则聚之，无平地则散之”，表现出“有原则而无章法”的设计思想和因地制宜、应用灵活的设计手法。

乡土民居的建筑材料常常来自当地的自然资源，如土、木、石等，这种选择使乡土民居与周围自然环境协调融合。例如，在草原地区，人们常常使用牛皮、毛毡等材料，与广袤的草原相互映衬，创造出与自然和谐共生的美感。森林资源丰富地区的民居常常以木为主材，其结构与设计充分利用了木材的温暖和弹性特性。

（二）时间赋予乡土民居的历史含义

乡土民居在使用过程中受到风吹雨打等自然力的作用，木头会变色开裂；夯土墙在雨水的不断冲刷下，那些清晰的建造痕迹会变得模糊不清甚至会出现破损；长在瓦片上的青苔是瓦片承接雨露、阳光的痕迹。经过自然侵蚀的建筑材料和色彩成为时间的留痕，反映出当地特有的气候和自然环境。这些自然过程不仅改变了建筑的外观，还赋予了建筑一种特殊的情感。这些都能让人感觉到建筑所经历的岁月，并对其产生一种生命体的“移情”。正如拉斯金在《建筑的诗意》一书中提出的，随着时间的不断积累，由“自然之手”进行修饰和渲染，建筑浸染古色最终产生卓越的美。

（三）与自然人文环境调和的色调美学

法国著名的色彩学家让·菲力普·朗科罗认为，不同区域所处地理环境、气候条件和人文景观的不同，产生了各自独有的色彩体系，不同区域的乡村景观所呈现的色彩也是不同的。

乡土民居的色调常与自然环境和谐相融，展现出一种独特、深邃的美学意味。例如，希腊圣托里尼的白墙蓝顶民居，反映了阳光充足、海洋近在咫尺的地理特点。这种色调不仅能带给人宁静、平和的感觉，也对夏季的高温有一定的调节作用。法国的普罗旺斯地区传统的农舍和乡村建筑多为浅黄或石灰白，与四周的薰衣草花田、橄榄树和金黄的麦田形成浪漫的法国田园画卷。中国的南方乡土民居素净淳朴、清新淡雅、气韵生动，正如国画中的“水墨山水”。

从民俗的视角来看，乡土民居的色调与当地居民的信仰、习俗和生活方式形成不同的风格。如在印度，鲜艳的色调不仅在民居上随处可见，也在人们的服饰、祭祀中扮演重要角色。这种鲜明的色调体现人们对生活的热爱。日本古老的木制民居多为深色，与四季变换的风景相映成趣。这不仅反映了日本人对自然和四季的尊重，也与其“侘寂”的审美观念相吻合。我国新疆民居大面积以蓝、白、赭三色为主。蓝色给人以凉爽的感觉，以消减炎热天气带来的燥热；白色代表纯洁、坦荡、朴素和高尚；赭色与大地的颜色浑然一体，与大自然相融合。而我国藏族民居受到宗教因素的影响，以红、白两种颜色为特色。

## 二、情感价值

### （一）民族性格的反映

林源在《中国建筑遗产保护基础理论》一书中指出，情感与象征价值是指建筑遗产能够满足当今社会人们的情感需求，并具有某种特定的或普遍性的精神象征意义。他认为，情感与象征价值具体包含文化认同感、国家和民族归属感、历史延续感、精神象征性、记忆载体等价值要素，其核心是文化认同感。

拉斯金认为，建筑是人类心灵的产物，风土建筑是各民族特征和性格的显示，从其适应环境的能力、调节气候的方式可以发现对应的民族性格和心灵特征。他在《建筑的诗意》一书中指出，英格兰高地的景色虽然美，但其农舍却体现出另一种品质——谦虚，它们是小尺度的、形式简洁的，很容易被隐藏在原野之上或者被自然荫蔽起来。这些农舍就如谦虚的农夫一样对自身毫不在意，这种不引人注意的特点反而使得它们更长久地留存下来，同时也使其能与建造在大道上的宏伟建筑媲美。这种特质在别处恐怕难觅，也是英格兰特殊地域的产物。拉斯金将风土建筑视作民族心灵的产物，英国风土建筑的特质被总结为民族性上的“谦虚”“朴素”“坚毅”，其建筑特征则与这些“性格”特质一一对应。

中国乡土民居及聚落的风格也反映了传统农业社会中的民族性格特点。陈志华在《中国乡土建筑的世界意义》一书中指出：中国乡土建筑在社会历史意义上和品类上大大超乎欧洲之上的，主要是由于在中国农业文明时代里农村生活中影响极其深刻的宗法制度、科举制度和实用主义的泛神崇拜，这三项强有力的社会文化要素都是世界其他国家根本没有的，而恰恰是这三项催生了当时中国农村中主要的公用建筑类型。在宗法制度下，家族的延续与荣誉成为重要的社会要求。为了纪念祖先、维护家族的传统和规矩，很多村庄建有祠堂，包括大宗祠、房祠、分祠和香火堂等，这不仅是家族成员祭祀祖先的场所，也是家族重要活动的中心。科举制度推崇知识与学问，这促使了很多地方、家族建立书院和讲堂，以及文昌阁、文峰塔、文庙、乡贤祠等。书院和讲堂成为村庄的文化中心。此外，中国乡村流行着实用主义的泛神崇拜，如山、水、土地、祖先等。例如，村民会通过建立土地庙来祭祀土地神，祈求五谷丰登；商人则会建立城隍庙，祈求生意兴隆；乡村中可以看到如来佛和痘花娘娘、土地公婆并肩而坐，元始天尊和柳四相公、药王爷等，同享一炷香火。这些建筑也是人们交流、娱乐的场所，反映了中国人对和谐、繁荣的追求，以及务实、和平共处的民族性格。

（二）现代化进程中乡愁的载体

“恋地情结”最初由法国哲学家加斯东·巴什拉于1957年提出，后被人文主义地理学家段义孚定义为人与地方之间的情感纽带，恋地情结中情感链接的特定地域环境为其提供了有根基的意象。具体地理空间作为人类生活环境的容器，它的自然环境景观和传统人文景观呈现出各异的地域特色，形成具有个人价值系统的空间认知和地理情结，从而产生依附感和归属感。乡土民居扎根于具体环境中的某一地点，特定的地理位置为其提供了自然地形地貌、地区气候和构筑材料资源，衍生的社会环境在传统民俗、人口结构、宗教信仰、社会活动与文化等方面对乡土建筑的空间、形式、组合产生影响，乡土建筑在此情境下表现为地区同质，具有鲜明的时空特征，从而唤起使用者的归属感和认同感。随着城市建设日新月异，城市空间越来越千城一面，人们对乡土民居的依恋之情日益增强。这种情感价值用一个富有审美意蕴的词来表达就是“乡愁”，或者也可以说，乡愁是加载在乡土民居上的一种独特的情感价值。

（三）诗意的栖息地

唐代郭六芳在《舟还长沙》中写道：“侬家家住两湖东，十二珠帘夕照红，今日忽从江上望，始知家在画图中。”民居的居住者往往对自己居所的美不是那么敏感，但当他抽身而出，才蓦然发现“身在画图中”。在现代社会中，饱受钢筋水泥、城市樊笼之困的现代人渴望能有一个精神栖息的家园，乡土民居正是这样一个“画图中”的家园，符合疲惫的现代人对审美体验的追求。对游客而言，乡土民居与官式建筑相比，具备一种特殊的亲切感。产生这种亲切感的根本原因是，民居的一切以生活为基准，与人们生活息息相关、密不可分。一方面民居与周围环境形成和谐之美，另一方面民居具有合适的尺度，让人舒适惬意，成为人们想象中充满诗意的栖息地。

（四）文学艺术使乡土民居成为文化符号

乡土民居作为一个区域的生活见证，经常在文学和艺术作品中得到展现和反映。当这些建筑形态被文学和艺术作品描绘时，它们不仅是物理存在，更是变成了文化符号，能够唤起读者或观众的共鸣，引发其对故土、童年和过去生活方式的回忆。

乡土民居自古就是文学家咏叹的对象。温庭筠在《商山早行》中写道：“鸡声茅店月，人迹板桥霜。”孟浩然在《过故人庄》中写道：“故人具鸡黍，邀我至田家。绿树村边合，青山郭外斜。开轩面场圃，把酒话桑麻。待到重阳日，还来就菊花。”陶渊明对乡村田园风光的描述对今人仍有很大的影响，如陶渊明的《归田园居》其一：“方宅十余亩，草屋八九间。榆柳荫后檐，桃李罗堂前。暧暧远人村，依依墟里烟。狗吠深巷中，鸡鸣桑树颠。户庭无尘杂，虚室有余闲。久在樊笼里，复得返自然。”从古人对生活环境的吟咏之中，我们感受到了深植在中国人内心的“桃花源情结”。

在我国近当代，乡土文学是文学中的一个重要分支，文学作品中的情节和角色常常与某一个地方的建筑、风景紧密相连。使得民居成为情感的寄托、故事的见证。如沈从文在《边城》中写道：“近水人家多在桃杏花里，春天时只需注意，凡有桃花处必有人家，凡有人家处必可沽酒。夏天则晒晾在日光下耀目的紫花布衣裤，可以作为人家所在的旗帜。秋冬来时，房屋在悬崖上的，滨水的，无不朗然入目。黄泥的墙，乌黑的瓦，位置却永远那么妥帖，且与四围环境极其调和，使人迎面得到的印象，实在非常愉快。”湘西小镇，以其独特的乡土民居和沈从文笔下的情感故事，吸引了无数读者和游客。这些乡土民居，不仅代表了一种建筑风格，更是沈从文笔下人物的情感寄托和故事发生的舞台。

欧美作家也同样热衷于通过文学艺术作品反映与乡土民居相关的生活。如英国在18世纪兴起的两个社会文化运动——浪漫主义和自然主义运动，都高度重视地域性和乡土经验。特别是自然主义诗人认为，长期的乡间生活和正常、健康的情感会催生一种更真实、更鲜活的地方性语言。与这种语言相对应，农夫所居住的乡土建筑也被赋予了一种美丽和自然的品质，因而被认为有资格成为诗歌的主题。例如，《丁登寺》记录了悬崖、天堑、农舍、果树、炊烟等一系列乡村要素；《在格拉斯米尔谷地卜居》描绘了诗人所居鸽舍之地的淳朴的乡俗，等等。

## 三、生态价值

工业革命之前，社会生产力水平普遍不高，人们在建造乡土民居时，往往会充分考虑到建筑风格和布局与当地的气候、地形、水文等自然条件相吻合，以朴素的生态观顺应自然，以最简便的手法创造舒适的居住环境。从喜马拉雅山脚的碉房到西南地区的吊脚楼，从伊朗雅兹德的土屋到马尔代夫传统的海上木屋，从我国陕北地区的窑洞到西南边陲的傣家楼等，这些各具特点的民居，无不与自然环境相辅相依，体现了生态建筑的设计策略。

### （一）地方材料的选用

传统的乡土民居往往采用当地可得、可再生的建筑材料，这不仅降低了对外部资源的依赖，还减少了运输的难题，具有很强的可持续性。

位于云贵高原东部的贵州民居，土薄石多，当地人就地取材，采石建房，有时甚至利用平整的山岩作为民居墙体。屋脊坡面用薄层石灰岩做瓦，巧妙地解决了屋脊漏水的问题。铺地、楼板均用石板，凡是地基基础、墙体结构、屋面瓦、门槛、窗台、踏步全为石材，甚至运用石材加工成石盆、石缸、石桌、石凳、石磨等。

窑洞是中国北方地区特有的传统民居形式，主要分布在黄土高原上。其主要材料是黄土，这是当地丰富的资源。挖土构屋不仅便宜，而且土壤的特性是冬天能蓄积热量，夏天能保持凉爽；地下庭院则构成了室内和室外的缓冲，这是一种并非最完美但适于当地环境和生活条件的民居形式。

### （二）适应不同气候的生态技术

传统的乡土民居在长期的建造实践过程中，在利用地形、太阳能、建筑技术构造、建筑材料等方面积累和总结了许多适应自然环境、合理利用自然资源的经验，这些经验符合现代生态建筑的原理和设计策略。

例如，为了适应青藏高原的气候和环境，传统藏族民居大多采用石构，被称为“碉房”。碉房民居整个建筑的墙体下厚上薄，外形下大上小，建筑平面均较为简洁，一般为方形平面。碉房民居选址大多在南向山坡的中下部，这样可接收到最多的太阳照射，且冬季有防风保护作用，夜间也不会受谷底下沉聚集的寒冷空气的影响。

我国四川省多山地、丘陵，盆地气候使这里夏季炎热、沉闷，冬季少雪，春秋多雾，因此遮阴、隔热、通风、防潮是民居需要解决的重要问题。为满足防雨遮阴、保湿隔热、通风透气的需求，出现了“人”字形双坡屋顶、大出檐、大悬山结构的房屋。甚至有些民居在高屋顶处铺上木板，充分利用空间设置阁楼，既能隔热又能储物，一举两得。

伊朗的亚兹德位于沙漠中心，其传统民居却在生态建筑领域展现出了惊人的智慧。伊朗的土砖是该地独特的建筑材料，这种土砖在沙漠气候下表现出惊人的功能：夏季可以为室内提供长达 8 小时的隔热，而在寒冷的夜晚可以释放出热量，帮助增温；冬季则保温，使得室内温暖。此外，建筑的外立面采用浅色土浆，这不仅能反射太阳光，而且能避免过度吸热。特定的建筑如西墙采用凹凸砖块砌筑，形成阴影，进一步防止过度日晒。但是，真正使亚兹德的民居建筑在生态环境中独树一帜的是那些独特的风塔。这些风塔像是高高耸立的“烟囱”，专为捕捉沙漠中的风而设计。风塔有效地引导着凉爽的风进入房屋，同时将室内的热空气推向外部，为居民带来一股股清凉。在没有风的夜晚，它们像烟囱一样，帮助室内的热空气上升并从高处排出，确保室内温度始终舒适。

# 第二章　乡土民居与旅游业

## 第一节　乡土民居是重要的旅游吸引物

旅游吸引物是指自然界和人类社会中能对游客产生吸引力的各种事物与因素。它既是游客选择目的地的主要动因，也是目的地差异化的主要表现形式。众多的乡土民居被学术界和旅游业认定为重要的旅游资源，其不仅是历史的承载体，更系统地反映了某一地区在不同历史时期的发展轨迹、社会变革、生活模式以及深厚的文化传统。

### 一、世界文化遗产中的乡土民居

世界文化遗产是由联合国教科文组织认定的具有杰出文化价值的地点、建筑或遗址，是人类文明和历史的瑰宝，也是全世界游客的向往之地。

在作为旅游资源最高级别、具有全世界旅游吸引力的世界文化遗产中，有相当一部分是乡土民居。如土耳其的卡帕多奇亚石窟民居，是由火山喷发形成的软岩层经过风化、侵蚀和人工开凿而成的。卡帕多奇亚石窟民居可追溯至公元4世纪，当时基督徒因逃避罗马帝国的迫害，在柔软的火山岩石中修建了住宅、教堂和修道院。这些石窟建筑不仅为人们提供了避难所，还承载了基督教宗教活动，展示了人类信仰与文化的交融。1985年，卡帕多奇亚石窟民居被列入《世界遗产名录》。广东省开平碉楼与村落是中国乡土民居的特殊类型，是一种集防卫、居住和中西建筑艺术于一体的多层塔楼式建筑，具有独特的风格和魅力。2007年，“开平碉楼与村落”被列入《世界遗产名录》。福建土楼位于中国福建省南部，主要分布在漳州市、南靖县、永定区、平和县等地，这个地区被誉为“中国土楼之乡”。福建土楼是一种传统的圆形或方形土木结构建筑，通常采用夯土、石块和木材建造，有多层楼房，其中包括内环和外环，内环用于居住，外环用于防御，具有独特的军事和社交功能。福建土楼被视为社会合作和共同生活的象征，也是传统的村庄社区生活方式的体现。2008 年，福建土楼被列入《世界遗产名录》。

## 二、文物保护单位中的乡土民居

我国文物保护单位是指具有历史、艺术和科学价值的不可移动文物，包括古文化遗址、古墓葬、古建筑、石窟寺、石刻、壁画、近现代重要史迹和代表性建筑等。根据《中华人民共和国文物保护法》的规定，具有历史、艺术、科学价值的乡土民居可以被认定为不可移动文物，并按照全国重点文物保护单位、省级文物保护单位和市县级文物保护单位等不同级别进行管理。

1961 年，国务院公布了 180 处第一批全国重点文物保护单位（以下简称“国保”）；1982—2019 年，国务院陆续公布了第二批至第八批“国保”，数量从 180 处增加到 5 058 处；全国重点文物保护单位按照“古建筑”“古遗址”“古墓葬”“近现代重要史迹及代表性建筑”“石窟寺及石刻”及“其他”六个类型作为分类标准。乡土民居在“古建筑”“近现代重要史迹及代表性建筑”等方面均有涉猎。例如，列入第三批全国重点文物保护单位的东阳卢宅、祥集弄民宅、增冲鼓楼，列入第四批全国重点文物保护单位的丁氏故宅、老屋阁与绿绕亭、夕佳山民居等，列入第五批全国重点文物保护单位的直波碉楼、郎德上寨古建筑群、云山屯古建筑群，列入第六批全国重点文物保护单位的柳氏民居、砥泊城、马头寨古建筑群，等等。

值得注意的是，在早期“国保”名单中，对文物类型的认定标准更加注重单体或者独立构成单元的保护价值；如今在注重单体价值的同时，更加关注生态群落以及文化景观的整体保护。如在第六批、第七批“国保”

名录中出现了大量的整体古村落，如寨卜昌村古建筑群、湖北省恩施彭家寨古建筑群等。

### 三、历史文化名镇名村

我国历史文化名镇名村是指保存文物特别丰富且具有重大历史价值或纪念意义的、能较完整地反映一些历史时期传统风貌和地方民族特色的镇和村。建设部（2008年，国务院机构改革，更名为“住房和城乡建设部”）、国家文物局自2003年开始进行“中国历史文化名镇名村”的评选工作。同年，建设部会同国家文物局公布了第一批22个中国历史文化名镇名村（10个镇、12个村），至今累计公布了七批共计799个中国历史文化名镇名村，其中，中国历史文化名镇312个，中国历史文化名村487个。一大批古镇、古村落被纳入保护名录，得到真实、完整的保护，为全面系统地保护好各类历史文化资源、讲好中国故事、传承好中华文明奠定了重要基础。

中国历史文化名镇名村的评选条件和标准主要包括：一是具有较高的历史、文化、艺术和科学价值；二是原状保存程度较好；三是现状具有一定规模；四是已编制了科学合理的总体规划；五是设置了有效的管理机构，配备了专业人员，有专门的保护资金等。同时，中国历史文化名镇名村实行动态管理。省级建设行政主管部门负责对本省（自治区、直辖市）已获“中国历史文化名镇名村”称号的镇和村的保护规划实施情况进行监督，对违反保护规划进行建设的行为及时查处。住房和城乡建设部会同国家文物局不定期组织专家对已经获得“中国历史文化名镇名村”称号的镇和村进行检查。对已经不具备条件者，将取消“中国历史文化名镇名村”的称号。

我国历史文化名镇的总量是312个，数量最多的是山西省，有96个。四川省拥有国家历史文化名镇31个，其中宜宾市3个（翠屏区李庄镇、屏山县龙华镇、宜宾县横江镇）。我国历史文化名村的总量是487个，数量最多的是河北省，有96个。四川省拥有国家历史文化名村6个，包括甘孜藏族自治州丹巴县梭坡乡莫洛村、攀枝花市仁和区平地镇迤沙拉村、阿坝藏族羌族自治州汶川县雁门乡萝卜寨、南充市阆中市天宫乡天宫院村、泸州市泸县兆雅镇新溪村、泸州市纳溪区天仙镇乐道街村。

## 四、传统村落

### （一）中国传统村落

传统村落是近些年才正式形成的概念和体系。2012 年 4 月，住房和城乡建设部、原文化部、财政部、国家文物局（简称“四部局”）共同发起了传统村落调查。四部局在关于开展传统村落调查的通知中指出：“传统村落是指村落形成较早，拥有较丰富的传统资源，具有一定历史、文化、科学、艺术、社会、经济价值，应予以保护的村落。”关于评选传统村落的标准，在第一批中国传统村落评审会上，专家们就达成了共识，即应当从聚落、建筑和非遗三个方面来考量。其中，聚落是指村落的选址、环境、布局；建筑是指存留的传统建筑，包括历史较长的或历史虽不长但以传统技艺建造的建筑；非遗即非物质文化遗产。2012 年以来，四部局已经分六批公布了 8 155 个被列入中国传统村落名录的村落。四川省有 1 165 个村落被列入中国传统村落名录。

### （二）四川传统村落

据统计，在四川 1 165 个传统村落中，成都平原地区有 239 个、川东北地区有 295 个、川南地区有 180 个、攀西地区有 37 个、川西北地区有 414 个。

## 五、历史建筑

《住房和城乡建设部办公厅关于进一步加强历史文化街区和历史建筑保护工作的通知》（建办科〔2021〕2 号）（以下简称《通知》）中指出：“历史文化街区和历史建筑是城乡记忆的物质留存，是人民群众乡愁的见证，是城乡深厚历史底蕴和特色风貌的体现，具有不可再生的宝贵价值。在城乡建设中做好历史文化街区和历史建筑的保护工作，对于坚定文化自信、弘扬中华优秀传统文化、塑造城镇风貌特色、推动城乡高质量发展具有重要意义。”《通知》还提出了一系列措施，包括加强普查认定、推进挂牌建档、加强修复修缮、严格拆除管理等，以强化历史文化保护。

我国历史建筑的评定要求主要依据《历史文化街区划定和历史建筑确定标准（参考）》的规定，从建筑的历史价值、艺术价值、科学价值和社会价值等方面进行综合评估。具体来说，历史建筑应满足以下条件之一：一是建成年代在1949年以前，或者建成年代虽在1949年以后但具有重要历史意义的建筑；二是与重大历史事件、重要人物、重要组织机构有关联的建筑；三是体现了特定时期、地域、民族和风格特征的建筑；四是反映了中国传统文化和建筑艺术的建筑；五是具有较高的科学研究价值或者社会教育价值的建筑。

以四川省为例，其历史建筑数量多、分布广、类型多样，目前已公布的历史建筑有1 508处，还有大量具有历史文化保护价值的老建筑。根据住房和城乡建设部、省住房和城乡建设厅的要求，应积极对历史建筑进行保护和利用，做好历史建筑资源普查、名录认定、图则编制、测绘建档等基础性工作，不断健全历史建筑可持续保护机制，探索建立历史建筑多元化保护和利用模式。

## 六、非物质文化遗产中的乡土民居相关项目

### （一）世界非物质文化遗产项目

根据联合国教科文组织《保护非物质文化遗产公约》的定义，非物质文化遗产是指被各社区、群体，有时是个人，视为其文化遗产组成部分的各种社会实践、观念表述、表现形式、知识、技能以及相关的工具、手工艺品和文化场所。非物质文化遗产包括以下五类：一是口头传统和表现形式，包括作为非物质文化遗产媒介的语言；二是表演艺术；三是社会实践、仪式、节庆活动；四是有关自然界和宇宙的知识和实践；五是传统手工艺。截至2022年12月底，联合国教科文组织非物质文化遗产名录（名册）共收录了676项遗产项目，范围覆盖140个国家，其中，中国有43项遗产项目被该名录（名册）收录，总数位居世界第一。

如中国传统木结构建筑营造技艺于2009年入选联合国教科文组织人类非物质文化遗产代表作名录。这是世界上第一个以建筑营造技艺为主题的非物质文化遗产项目。中国传统木结构建筑营造技艺是以木材为主要建筑材料，以榫卯为木构件的主要结合方法，以模数制为尺度设计和加工生产手段的建筑营造技术体系。营造技艺以师徒之间言传身教的方式世代相传。这种营造技艺体系传承了7 000多年，遍及中国全境，并传播到日本、

韩国等东亚各国，是东方古代建筑技术的代表。

（二）中国非物质文化遗产项目

我国已于2011年公布并施行了《中华人民共和国非物质文化遗产法》。根据该规定，非物质文化遗产简称“非遗”，是指各族人民世代相传并视为其文化遗产组成部分的各种传统文化表现形式，以及与传统文化表现形式相关的实物和场所。在具体的非物质文化遗产工作当中，我国建立了国家、省、市、县四级非物质文化遗产名录，将非物质文化遗产具体分成了“十大门类”，包括民间文学、传统音乐、传统舞蹈、传统戏剧和曲艺、传统体育、游艺与杂技、传统美术、传统技艺、传统医药、民俗。截至2021年年底，我国国家、省、市、县四级非物质文化遗产名录共认定非物质文化遗产代表性项目10万余项。

在被列入国家、省、市、县非物质文化遗产名录的项目中，有相当一部分传统技艺直接与乡土民居建造有关，如苗寨吊脚楼营造技艺、侗族木构建筑营造技艺、客家土楼营造技艺等被列入第一批国家级非物质文化遗产名录，徽派传统民居营造技艺、关中传统民居营造技艺、婺州传统民居营造技艺被列入第二批国家级非物质文化遗产名录，北京四合院传统营造技艺、雁门民居营造技艺、土家族吊脚楼营造技艺等被列入第三批国家级非物质文化遗产名录，庐陵传统民居营造技艺被列入第四批国家级非物质文化遗产名录，潮汕古建筑营造技艺、彝族传统民居营造技艺、传统帐篷编制技艺、闽南传统民居营造技艺、固原传统建筑营造技艺等被列入第五批国家级非物质文化遗产名录。

## 第二节　乡土民居在旅游业中的利用

乡土民居作为地方文化的缩影，反映了当地的自然环境、社会风俗、历史变迁、建筑艺术等方面的信息，它们具有独特的风格和魅力，能够吸引众多游客前来观赏、体验和学习，逐渐成为乡村旅游发展的重要推动力。同时，乡土民居也是乡村旅游的品牌形象，可以作为乡村旅游的标志性景观，提升乡村旅游的知名度和美誉度。依托乡土民居，开发旅游景区，发展乡村民宿产业、文化体验旅游、非物质文化遗产旅游等，不仅能够促使乡土民居得到保护，还能够使其焕发新的生命力。

## 一、依托乡土民居开发旅游景区

旅游景区是指具有参观游览、休闲度假、康乐健身等功能，具备相应旅游服务设施并提供相应旅游服务的独立管理区。我国旅游景区质量等级划分为五级，从高到低依次为 AAAAA、AAAA、AAA、AA、A 级旅游景区。国家 A 级旅游景区是由国家旅游景区质量等级评定委员会依照《旅游景区质量等级管理办法》进行评审，颁发"国家 A 级旅游景区"标志牌，其是衡量景区质量的重要标志，也是地方旅游产业发展的重要体现。经过多年发展，我国 A 级旅游景区数量显著增加。截至 2023 年年底，全国共有 A 级旅游景区 10 000 多个，其中 AAAAA 级旅游景区有 318 个，AAAA 级旅游景区有 2 000 多个，A 级旅游景区约占全部景区景点的 1/3，成为我国旅游景区的主体。在 A 级旅游景区中，有相当一部分是依托乡土民居资源开发而成的，有许多利用乡土民居成功开发旅游景区的案例。如在国家 AAAAA 级旅游景区中，就有山西省晋中市乔家大院文化园区、江苏省无锡惠山古镇景区、江苏省苏州同里古镇景区、江苏省周庄古镇景区、浙江省湖州市南浔古镇景区、安徽省合肥市三合古镇景区、安徽省黄山市皖南古村落—西递宏村、广东省江门市开平碉楼文化旅游区、广西壮族自治区贺州市黄姚古镇景区等。

## 二、发展乡村民宿产业

### （一）乡村民宿的起源与发展

乡村民宿是指利用乡村民居等相关资源，主人参与经营服务，为游客提供体验当地自然、文化与生产生活方式的小型住宿设施。

乡村民宿的起源存在多种说法。有的人认为乡村民宿源于欧洲的 B&B（bed & breakfast），即床和早餐，是一种家庭旅馆的形式；有的人认为乡村民宿源于日本的民宿，即家庭招待，是一种提供日式生活方式和文化体验的住宿方式。我国的乡村民宿由早期的农家乐发展而来。其起源可以追溯到 20 世纪 80 年代末，当时成都市郊区的一些农民为了增加收入，利用自家的闲置房屋和土地接待一些来自城市的游客，为其提供住宿、餐饮、娱乐等服务。从发展阶段来看，我国乡村民宿经历了从初级农家乐到中级特色民宿再到高级精品民宿的演变过程，从数量扩张向质量提升转变，从单一功能向多元业态拓展，从规模化经营向品牌化发展进化。近年来，随着城市化进程的加快和旅游消费的升级，越来越多的城里人选择到农村去体验乡村生活，乡村民宿因其独特的魅力而受到广泛欢迎。据统计，2019年，全国共有乡村民宿近20万家，接待游客超过2亿人次。乡村民宿已经成为乡村旅游的重要业态，是带动乡村经济增长的重要动力，以及助推乡村振兴的重要抓手。

### （二）莫干山乡村民宿产业发展的经验启示

莫干山的乡村民宿产业发展大致经历了四个阶段。一是初创阶段：从2007年第一家民宿创办开始，以外国人经营或具有国外要素特征的“洋家乐”为主，主要满足入境游客和国内高端游客的需求，体现自然生态和文化创意。二是扩张阶段：从2011年开始，以当地人经营具有中国特色的“农家乐”为主，主要满足国内大众游客的需求，体现亲民实惠和农事体验特征。三是规范阶段：从2014年开始，浙江省德清县出台了全国首个《民宿管理办法（试行）》和《乡村民宿地方标准规范》，对民宿进行规划设计、质量评定、服务指导等方面的管理和监督，提高了民宿的品质和水平。四是创新阶段：从2017年开始，莫干山的乡村民宿产业形成了高、中、低三档结构形态，以“民宿+”的形式，引入了主题公园、户外运动、农业休闲、文化创意等多种业态，满足了游客的多样化、个性化、体验化需求。

莫干山的乡村民宿产业发展具有以下四个特点：一是形成了集聚效应。莫干山的乡村民宿产业形成了以“后坞—仙潭—燎原—劳岭—兰树坑”为中心的环莫干山面状核心集聚区和边远村域多点集聚的空间发展结构。当前，莫干山已有近900家高端民宿，成为全国乃至全球知名的乡村度假目的地。二是实施差异化竞争。莫干山的乡村民宿产业在选址、设计、服务、营销等方面都体现出差异化竞争的特点。不同等级和类型的民宿有不同的功能定位和区位选择，以满足不同层次游客的需求。三是政府大力支持。浙江省德清县政府一直积极支持和引导莫干山乡村民宿产业的发展，出台了一系列政策举措，如提供财政补贴、税收优惠、土地使用权、旧房改造等方面的支持，建立了民宿学院、民宿管家等专业培训机构，推动了民宿产业的规范化、专业化和品牌化发展。四是社会效益突出。莫干山的乡村民宿产业发展不仅带动了当地的经济增长和就业创业，也促进了当地的生态保护和文化传承。

## 三、发展文化体验旅游

文化体验旅游是一种以文化为主要内容和目的的旅游形式。它强调游客与当地文化的互动和参与，通过感知、学习、欣赏、创造等方式，使游客获得文化知识、技能、情感、价值等方面的提升。

### （一）乡土民居与非物质文化遗产的结合

乡土民居与非物质文化遗产，均是构成地域文化遗产的重要维度，是传统与历史的集合点。当非物质文化遗产元素与乡土民居紧密结合时，它们可以共同构建一个文化延续与传承的框架，为地域增添深厚的文化底蕴和历史情感，使之成为一个生动的、有机的展演空间。例如，福建永定实施“文化进土楼”工程，按照“一楼一景致、一楼一特色、一楼一主题”的理念，改建了建筑文化展示馆、客家家训馆、民间绝艺馆、夯土技艺展示馆等多处非物质文化遗产保护传承场所，开发了“大鼓凉伞”“擂土楼神鼓”“客家十番音乐”“提线木偶”等富有客家特色的客家风情表演，提升了当地文化旅游的热度，不少游客慕名前往，以沉浸式体验非物质文化遗产的魅力。

### （二）乡土民居与乡土文化的结合

乡土文化是与乡村地区相关的历史地理、民俗风情、农业生产技能、农耕文化、古建遗存、名人传记、村规民约、传统技艺、古树名木等方面的物质或非物质的表现形式。乡土文化与乡土民居结合发展旅游业是一种潜力巨大的策略。如在乡土民居内设立文化展示区，展示当地的传统工艺、手工艺品、文化艺术品等。游客可以欣赏和购买当地制作的工艺品，支持当地手工艺者。利用乡土民居场地定期举办传统民间表演和庆典活动，如民俗舞蹈、音乐表演、传统婚礼庆典等。这些活动可以吸引游客亲身参与，从而了解当地文化的历史和传统。与农业体验相结合，游客可以参与农业活动，如种植、收割、养殖、捕鱼等，让游客了解农村文化和农业传统，同时也享受户外活动。农村美食体验：利用民居场地让游客品尝地道的农村美食，如特色农产品、当地特色菜肴和传统烹饪方法等。打造乡村历史和文化博物馆：建立乡村历史和文化博物馆，展示乡土民居的历史、传统生活方式、农村文化的发展和演变，从而有助于游客更深入地了解当地民居的根源。

（三）参考案例：合掌村文化旅游

日本的合掌村以其深厚的历史文化背景为基石，将原生民居建筑的保护、民俗观光和生态体验完美结合，形成了一个文化传承与保护性开发并重的旅游模式。

合掌村是日本最美村庄之一，以其独特的合掌造建筑而闻名（见图 2.1）。合掌造是一种用木柱和茅草搭建的三角形屋顶建筑，具有抵御雪灾和火灾的功能，也富有美感。合掌村以“文化传承的保护性开发”为理念，1995 年被列为世界文化遗产。合掌村的产业规划包含民居保护、民俗观光、民宿生态体验等完整的产业链。一是为保护独有的自然环境与开发景观资源，合掌村的村民自发成立了白川乡合掌村集落自然保护协会，制定了白川乡的“住民宪法”，规定村庄的“建筑、土地、耕地、山林、树木”不许贩卖、不许出租、不许毁坏的“三不”原则。二是制定了《景观保护基准》，对景观开发中的改造建筑、新增建筑、新增广告牌、铺路、新增设施等都做了具体规定。三是为满足游客的体验需求，充分挖掘传统民俗文化并与文旅有机结合。例如，将以祈求神祇保护、道路安全为题材的传统节日——“浊酒节”，打造成为吸引游客观赏的重要活动。除大型节日庆典外，村民们还组织富有当地传统特色的民歌表演。将传统手工插秧作为游客可以参与体验的项目进行开发。四是为弘扬民俗文化，建立了民俗博物馆。有效利用搬迁后空闲房屋实施“合掌民家园”项目，使之成为展现当地古老农业生产和生活用具的民俗博物馆。五是为提高整体经济效益，实现生态旅游、传统农业、民宿产业协同发展，制定并实施了推动农副产品发展政策。这些农业生产项目均在旅游区中，这里既是农耕农事活动地又是旅游观光点。推进当地农副产品以及加工的健康食品与旅游直接挂钩，引导游客品尝新鲜农产品，进而购买有机农产品。这种因地制宜、就地消化农产品的销售方法，减少了运输及人力成本，使当地农民和游客双双受益。随着游客越来越多，留宿过夜、享受农家生活的客人也随之增多。为了迎合游客的居住习惯，当地居民对合掌屋室内进行了改装，形成建筑外形不变、内部现代化的精品民宿，保留具有历史意义的农具，使游客在旅居中能感受农村生活的朴实与温馨。合掌村的运作模式是复兴文化，文化兴村。它以文化为核心，以民居为载体，以生态为基础，以产业为支撑，实现了文化、生态、经济的协调发展。

**图 2.1　合掌村民居**

### 四、融合艺术创作，开发乡村旅游

乡土民居融合艺术创作开发乡村旅游是一种新兴的乡村振兴模式，即邀请或引导艺术家到乡村进行创作，通过对乡村民居进行艺术创意打造，形成创意艺术作品等方式，与当地的自然环境、历史文化、社会风俗等进行对话和互动，从而增加乡村的文化吸引力，吸引更多的文化爱好者和游客。

艺术创作可以提升乡土民居的审美价值和文化内涵。艺术家可以根据当地乡土民居的特点和风格，进行有针对性的艺术创作，使乡土民居成为艺术作品的载体或背景，增加其视觉效果和表现力；也可以通过艺术作品传达对乡土民居所蕴含的历史、故事、传说、信仰等文化元素的理解和诠释，使乡土民居成为艺术作品的灵感或主题，增加其文化深度。艺术创作可以拓展乡土民居的利用和开发，如将其改造成为工作室、展览馆、教育基地等，使乡土民居成为提供多种服务和产品的平台或场所，增加其经济价值和社会价值。同时，艺术工作者也可以根据当地的乡土民居的环境和氛围，开展有趣化和体验化的工作，如举办艺术节、展览、讲座、工作坊等，使乡土民居成为吸引游客和参与者的目的地或活动地，增加其娱乐价值和教育价值。如四川省蒲江县明月国际陶艺村、巴中市平昌县驷马“巴山美村·父亲原乡”、浙江省宁海县葛家村“艺术家驻村”项目、江西省景德镇市浮梁县寒溪村“艺术在浮梁”项目等在艺术创作与乡土民居相结合、发展旅游方面做出了积极的探索。

**案例：葛家村“艺术家驻村”项目**

葛家村位于浙江省宁海县大佳何镇。“艺术家驻村”项目由宁海县委、县政府于2019年启动，邀请中国人民大学艺术学院副教授丛志强带领团队进驻葛家村，利用村里丰富的自然资源和文化遗产，创作出各种新奇且匠心独具的艺术品和艺术空间。该项目展示了如何通过艺术化民、外引内育、乡愁传承等方式，激发村民的内生动力，打造具有特色和魅力的乡村文化景观。

一是突出艺术化民。葛家村利用“艺术家驻村”这一资源优势，引导村民转变观念，主动将设计师请进家门，营造良好的艺术交流氛围。例如，村支委、党员葛万永在与丛教授交流后，主动提出将自己的庭院进行改造，打造了“桂香茶语”，将一个普通庭院变成了别致有趣的乡愁庭院。二是重视外引内育。葛家村成立了中国人民大学艺术学院乡村振兴实践基地，在为中国人民大学师生提供实践锻炼平台的同时，不断引进优秀的驻村艺术家，并举办了乡村艺术培训班。村里的妇女、儿童、老人，只要有一技之长，都可以成为乡村艺术家，为持续推进“艺术乡建”提供了人才储备。三是体现乡愁传承。葛家村充分挖掘村里的民居特色资源，多元利用易得、成本低的材料，花小钱“办大事”。如利用毛竹、石子、稻草等作为原材料，化为美丽的乡村盆景，“猪食槽养起了红金鱼，破瓦片堆出了新篱笆，飞鸟鱼虫上了墙，烂石碓泼彩成了印象画……”吉林、陕西西安、上海等地游客被葛家村的艺术魅力吸引，慕名前来，从而带动了村庄民宿、农产品、文创产品等的发展，村民收入提高，切实享受到艺术振兴乡村带来的红利。

资料来源：葛家村如何靠艺术“出圈”https://m.thepaper.cn/baijiahao_19102756.

## 第三节　发展旅游对乡土民居保护传承的影响

### 一、发展旅游有利于乡土民居的保护传承

发展乡村旅游可以增强地方居民对本土文化的认同感。在全球化的浪潮下，许多地方文化面临被削弱、消失的问题。而乡村旅游作为一种突出的文化经济活动，有着独特的优势，能够在保护地方文化的同时增强居民和游客对地方文化的认同感，为乡土民居维护和修缮提供资金，促进地方环境的改善。

（一）增强居民对乡土民居文化的认同感

乡村旅游为地方文化提供了展示的平台，使居民更加清晰地认识到自身文化的价值。例如，传统的乡土民居、风俗民情等成为游客们瞩目的焦点。这些原本习以为常的元素，在游客的“重新发现”中，引发了地方居民对文化的新认识。同时，地方居民也可以通过参与旅游活动，如充当导游、讲解员、手工艺展示者等角色，深入了解自家文化的内涵和历史，并且在传承过程中增强对乡土民居文化的认同感。此外，乡村旅游还为地方居民提供了与游客进行互动和交流的机会，这不仅是一种文化传递和跨文化交流的契机，也是一种增强自信和归属感的方式。

（二）为乡土民居的保护拓展了资金来源

发展乡村旅游为乡土民居的保护与修缮提供了经济支持。旅游业的发展带来了游客的涌入，从而创造了一定的经济收益。这些收益不仅可以用于社区的改善，还可以用于传统民居的维护和修缮。通过投入资金、技术和人力，居民对破损的乡土民居进行修复，使其得以保留和传承，提升了

居民对乡土民居的认知。随着乡村旅游业的发展，乡土民居成为游客们关注的焦点。居民意识到乡土民居不仅是他们居住的空间，更是一种文化遗产和独特的身份象征。

（三）促进了乡土民居与自然环境之间的和谐

乡村旅游业的发展有利于促进乡土民居与自然环境之间的和谐，营造绿水青山的生态环境。在乡村旅游过程中，可以让游客感受到乡土民居和自然环境之间的密切联系与美好景观，促进对它们的有效保护和合理利用。这样可以保持乡村的生态平衡和资源循环，实现“绿水青山就是金山银山”的理念，让游客“看得见山，望得见水，记得住乡愁”。

## 二、乡土民居在旅游发展中面临的挑战与问题

（一）乡土民居的建筑风格和结构遭到破坏

破坏乡土民居的建筑风格和结构是乡村旅游开发中的一个普遍现象。其原因有以下三个：一是部分开发商或村民为了满足旅游市场的需求，过度追求经济效益，缺乏对乡土民居的保护意识，忽视了乡土民居的文化内涵，破坏了乡土民居原有的比例和平衡，使乡土民居失去了原有的风格和特色。二是受到外来文化的影响，部分居民倾向于模仿或追随其他地方的建筑风格，随意使用现代化的建筑材料和设计，或使用与当地文化不相符的建筑图案等，使乡土民居失去了原有的内涵和气质。三是一些地方误把新农村建设理解为新农村建设运动，存在简单的城市化倾向。有的地方甚至擅自在古村落内迁建、复建或兴建人造景观，致使一些乡土建筑原有的历史风貌格局被肢解破坏，造成乡村、民族、地域特色的丧失。

（二）乡土民居的社会功能和文化内涵遭到破坏

破坏乡土民居的社会功能和文化内涵是乡村旅游开发中另一个常见的问题。乡土民居不仅是农民的居所，也是乡土文化的见证者和传播者。它们反映了不同地区、不同民族的农业生产方式、生活方式、风俗习惯、信仰观念等。但是，受旅游业的影响，一些原住民会选择迁出或出租乡土民居，将自己的房屋出租给外来人员，自己则搬到了附近的新建楼房，失去了与之相伴相依的生活方式和文化传承。同时，部分开发商为了建设运营

的方便，也热衷于将原住民全部迁出，再进行整体规划设计，但这样做带来的结果是，村落成了徒有其表的商业化主题公园。

（三）存在风格同质化发展趋势

近年来，随着美丽乡村建设和乡村旅游的发展，乡土民居在质量提升、环境改善的同时，也注重对民居建筑风貌的打造，但也不同程度出现了风格同质化的现象，造成了地方建筑文化的流失和同质化。如近年来，中国乡村很多地方开始大量采用徽派建筑风格，即便这与当地的传统建筑风格不完全吻合。徽派建筑风格在多地流行的原因如下：一是受到文化传播的影响，宏村、西递村等徽州古村落，因其独特的建筑风格和历史价值被列为世界文化遗产，吸引了大量的游客。这种成功的文旅融合案例可能促使其他地方模仿其建筑风格，以期达到类似的旅游效果。二是徽派建筑通过推进标准化和工艺普及，在一些地方得到了大量的复制和推广，相关的建筑材料和技艺也变得更为普及和易于获得，降低了建筑成本。三是在文化审美上，徽派建筑精湛的技艺、精美的雕刻和独特的设计风格受到了人们的喜爱，因此在乡村建设中被大量采用。虽然徽派建筑起源于特定地区，但它在某种程度上已经被视为一种"中国式"或"传统"的代表，因此在许多地方被用作寻找和重塑文化认同的手段。

（四）技术和环境保护问题

建筑本身的老化和破坏也是一个不容忽视的问题。由于传统乡土民居多采用木结构、砖石结构或土坯结构等传统材料和工艺，难以适应现代生活的需要和标准，容易出现裂缝、倾斜、漏水等问题，影响建筑的稳定性和安全性。乡土民居作为传统建筑，受到其形式、结构、功能等方面的限制，难以进行大幅度的改变和创新。此时，许多乡土建筑的维修费用甚至高于新建建筑。如何在尊重传统和保持特色的基础上，进行适度的开发和创新，是一个需要技术支持和政策引导的问题。

## 第四节　乡土民居保护和利用的国际共识

### 一、有关乡土民居保护的国际机构和公约

20 世纪以来，一系列与遗产保护相关的国际组织相继成立。如 1946 年在法国巴黎成立了国际博物馆协会（ICOM），1959 年在意大利罗马成立了国际文物保护与修复研究中心（ICCROM），1965 年在波兰华沙成立了国际古迹遗址理事会（ICOMOS），等等。

在联合国教科文组织及其下属的世界遗产委员会，以及诸多相关组织、团体与个人的倡导下，一系列国际公约和宪章得以形成和公布，形成了现代社会对于建筑遗产保护的诸多普遍性共识。1931 年，第一部关于古迹遗址保护的国际文件《关于历史性纪念物修复的雅典宪章》（*The Athen Charter for the Restoration of Historic Monuments*，以下简称《雅典宪章》）通过并发布，就有关历史纪念物的一般性原则、管理与立法措施、美学的增强、修复、衰败的处理、保护技术、国际合作等方面达成了共识。1964 年，《保护文物建筑及历史地段的国际宪章》发布。这一文件又称《威尼斯宪章》，其中就历史纪念物的定义、保护、修复，历史遗址及其挖掘，以及各类发表活动达成了共识，并且倡导世代相传的历史纪念物充满着过去的信息，至今仍是其古老传统的鲜活见证。

1972 年，联合国教科文组织通过了《保护世界文化和自然遗产公约》（*Convention Conceming the Protection of the World Cultural and Natural Heritage*，以下简称《世界遗产公约》）。该公约认为，世界遗产不仅是一种无价的财富，也是一种不可替代的资源，它们对于人类的认同感、多样性和创造力具有重要的意义。该条约要求各缔约国尊重和保护其境内的世界遗产，并通过合作和协调，促进世界遗产的保护和利用。《世界遗产公约》对于乡土民居的保护与利用起着指导作用，因为它将一些具有代表性和独特性的乡土民居列入了《世界遗产名录》，如中国的客家土楼、西班牙的伊比利亚半岛农村建筑、摩洛哥的阿伊特本哈杜村等，并通过提供技术支持、资金援助、教育培训等方式，帮助各缔约国保护和利用这些乡土民居。此

后，各个国家及各专业领域又进一步对《世界遗产公约》展开了讨论，形成了更适合各自具体情况的遗产保护的共识。

2011年，国际文化遗产保护委员会通过《关于建筑遗产保护与可持续发展之间关系的声明》(以下简称《声明》)。《声明》旨在强调建筑遗产保护与可持续发展之间的联系和互动，并且认为，建筑遗产不仅是一种物质的存在，也是一种非物质的表达，它们对于人类的记忆、身份、创新和社会凝聚力起着重要的作用。《声明》要求各方利益相关者尊重和保护建筑遗产，并通过参与和合作，促进建筑遗产的保护和利用。《声明》对于乡土民居保护与利用有着倡导作用，因为它将乡土民居视为一种具有生命力和活力的建筑遗产，鼓励各方利益相关者通过多元化和创新化的方式，将乡土民居与当地的社会、经济和环境相结合，实现乡土民居的可持续保护和利用。

2017年，国际建筑遗产保护组织通过了《关于传统建筑的保护与利用的原则》(以下简称《原则》)。《原则》旨在提供关于传统建筑的保护与利用的指导和建议，并且指出传统建筑是一种反映当地自然环境、社会经济、生活方式等因素的建筑形式，它们对人类的文化多样性和遗产共享作出了重要的贡献。《原则》要求各方利益相关者尊重和保护传统建筑，并通过适应和创新，促进传统建筑的保护和利用。《原则》对于乡土民居的保护与利用起着重要的作用，因为它将乡土民居视为一种具有价值和潜力的传统建筑，提供了一些关于乡土民居的调查、评估、修复、改造、管理等方面的原则和方法。

## 二、乡土建筑遗产宪章

1999年，国际古迹遗址理事会在墨西哥通过了《乡土建筑遗产宪章》(以下简称《宪章》)，成为乡土建筑保护的国际纲领性文件。《宪章》认为，乡土建筑遗产既是人类文化多样性的重要表现，也是社区生活传统的重要载体。乡土建筑遗产不仅包括物质的建筑物和构筑物，也包括无形的传统和联想。乡土建筑遗产在世界范围内面临同一化和消亡的威胁，需要采取有效的措施来保护和活化。《宪章》提出了一些基本原则和指导方针，用于指导乡土建筑遗产的保护和利用工作。

（一）乡土性的识别标准

《宪章》通过以下几个方面来确认乡土性：建造方式，地方或区域特征、风格、形式和外观的一致性，传统专业技术，对功能、社会和环境约束的回应，对传统建造体系和工艺的应用等。

（二）社区的参与和支持

《宪章》强调，正确地评价和成功地保护乡土建筑遗产要依靠社区的参与和支持。政府和主管机关必须确认所有的社区有保持其生活传统的权利，并提供法律、行政和经济上的支持。

（三）传统建筑体系和工艺技术的保留与传承

《宪章》认为，与乡土性有关的传统建筑体系和工艺技术对乡土性的表现至关重要，也是修复和复原这些建筑物的关键。这些技术应该被保留、记录，并在教育和训练中传授给下一代的工匠和建造者。

（四）建筑群和村落的保护

《宪章》指出，乡土性几乎不可能通过单体建筑来表现，最好是各个地区经由维持和保存有典型特征的建筑群和村落来保护乡土性。对乡土建筑进行干预时，应该尊重和维护场所的完整性、维护它与物质景观和文化景观的联系以及建筑和建筑之间的关系。

（五）改造和再利用的原则

《宪章》规定，为了与可接受的生活水平相协调而改造和再利用乡土建筑时，应该尊重建筑的结构、性格和形式的完整性。

（六）变化和定期修复的原则

《宪章》认为，随着时间流逝而发生的一些变化，应作为乡土建筑的重要方面得到人们的欣赏和理解。乡土建筑修复工作的目标，并不是把一栋建筑的所有部分修复得像同一时期的产物。

## 三、与乡土民居保护相关的公约、宪章

有关乡土民居保护的公约、宪章见表2.1。

**表 2.1　有关乡土民居保护的公约、宪章**

| 名称 | 组织与时间 |
| --- | --- |
| 《关于历史性纪念物修复的雅典宪章》<br>(*The Athens Charter for the Restoration of Historic Monument*) | 国家博物馆办公室，1930 年 10 月 |
| 《关于保护景观和遗址的风貌与特性的建议》<br>(*Recommendation on the Safeguarding of the Bcauty and Character of Landscapes and Site*) | 联合国教科文组织，1962 年 12 月 |
| 《保护文物建筑及历史地段的国际宪章》<br>(《威尼斯宪章》)<br>(*International Charter for the Conservation and Restoration of Monuments and Sites The Venic Charter*) | 第二届历史纪念物筑师与技师国际会议，1964 年 5 月 |
| 《保护世界文化和自然遗产公约》<br>(*Convention Concerning the Protection of the World Cultural and Natural Heritage*) | 联合国教科文组织，1972 年 11 月 |
| 《关于历史性小城镇保护的国际研讨会的决议》<br>(*Resolutions of the International Symposium on the Conservation of Smaller Historic Towns*) | 国际古迹遗址理事会，1975 年 5 月 |
| 《关于历史地区的保护及其当代作用的建议》<br>(《内罗毕建议》)<br>(*Recommendation Concerning the Safeguarding and Contemporary Role of Historic Areas* (*Nairob Recommendation*) | 联合国教科文组织，1976 年 11 月 |
| 《马丘比丘宪章》(*The Charter of Machu Picchu*) | 国际建筑师协会，1977 年 12 月 |
| 《保护传统文化和民俗的建议》<br>(*Recommendation on the Safeguarding of Traditiona Culture and Folklore*) | 联合国教科文组织，1989 年 11 月 |
| 《奈良真实性文件》<br>(*The Nara Document on Authenticity*) | 奈良会议，1994 年 11 月 |
| 《北京宪章》(*Beijing Charter*) | 国际古迹遗址理事会，1999 年 6 月 |
| 《关于乡土建筑遗产的宪章》<br>(*Charter on the Built Vernacular Heritage*) | 国际古迹遗址理事会，1999 年 10 月 |
| 《国际文化旅游宪章》<br>(*International Cultural Tourism Charter*) | 国际古迹遗址理事会，1999 年 10 月 |
| 《木结构遗产保护准则》<br>(*Principles for the Preservation of Historic Timbe Stnicture*) | 国际古迹遗址理事会，1999 年 10 月 |

表2.1(续)

| 名称 | 组织与时间 |
| --- | --- |
| 《北京共识》(*The Beijing Consensus*) | 中国文化遗产保护与城市发展国际会议，2000年7月 |
| 《中国文物古迹保护准则》(*Principles for the Conservation of Heritage Sites in China*) | 国际古迹遗址理事会中国国家委员会，2000年10月 |
| 《世界文化多样性宣言》(*Universal Declaration on Cultural Diversity*) | 联合国教科文组织，2001年11月 |
| 《保护非物质文化遗产公约》(*The Convention for the Safeguarding of the Intangi-blulturl Heritage*) | 联合国教科文组织，2003年10月 |
| 《关于蓄意破坏文化遗产问题的宣言》(*JNESCO Declaration Conceming the Inisntiona Dkestruction of Cultural Heritag*) | 联合国教科文组织，2003年10月 |
| 《建筑遗产分析、保护和结构修复原则》(*Principles for the Analysis, Conservation and Structura Restoration of Architecbural Heritag*) | 联合国教科文组织，2003年10月 |
| 《绍兴宣言》(*Shaoxing Declaration*) | 第二届文化遗产保护与可持续发展国际会议，2006年5月 |
| 《北京文件》(*Beijing Document*) | 东亚地区文物建筑保护理念与实践国际研讨会，2007年5月 |

## 第五节 我国乡土民居保护和利用的举措

### 一、乡土民居保护和利用的政策与法律法规

(一) 政策引导

1. 国家层面

我国高度重视乡土建筑保护工作。2005年，《中共中央 国务院关于推进社会主义新农村建设的若干意见》强调："保护和发展有地方和民族特色的优秀传统文化""村庄治理要突出乡村特色、地方特色和民族特色，保护有历史文化价值的古村落和古民宅"。《国务院关于加强文化遗产保护

的通知》指出："把保护优秀的乡土建筑等文化遗产作为城镇化发展战略的重要内容。"2021 年，中共中央办公厅、国务院办公厅印发《关于在城乡建设中加强历史文化保护传承的意见》。该意见指出："保护历史文化名城、名镇、名村（传统村落）的传统格局、历史风貌、人文环境及其所依存的地形地貌、河湖水系等自然景观环境，注重整体保护，传承传统营建智慧。"

2. 地方层面

各地政府出台了多项文件，对乡土民居保护和利用工作进行引导。

2019 年，四川省人民政府办公厅印发《关于加强古镇古村落古民居保护工作的意见》。该意见提出：四川省古镇古村落古民居保护将坚持保护优先，统筹利用；改善环境，有机更新；活态传承，突出特色三大基本原则，让古镇古村落古民居成为乡愁的守望地。2023 年，中共四川省委办公厅、省人民政府办公厅印发《四川省乡村建设行动实施方案》。该方案指出，"因地制宜布局农村居民点，新建农房要顺应原有地形地貌和自然形态，不随意切坡填方弃渣，不挖山填湖、不破坏水系、不砍老树，塑造山水田园与乡村聚落相融合的空间形态""加强历史文化名镇名村、传统村落、传统民居保护与利用。保护民族村寨、特色民居、文物古迹、农业遗迹、民俗风貌"。

2020 年，云南省人民政府办公厅印发《云南省人民政府办公厅关于加强传统村落保护发展的指导意见》《云南省"十四五"城乡建设与历史文化保护传承规划》，设立了省级传统村落保护发展专项资金。福建省人民政府办公厅印发《关于深入学习贯彻习近平总书记重要论述加强新时代文化和自然遗产保护利用工作的意见》《关于加强历史文化名城名镇名村传统村落和文物建筑历史建筑传统风貌建筑保护利用九条措施》《关于在城乡建设中加强历史文化保护传承七条措施》，编制《福建省历史文化名城名镇名村传统村落保护利用"十四五"规划》，对历史文化资源依法依规予以保护和利用。2023 年，江西省委组织部、省委宣传部、省住房和城乡建设厅等七部门共同印发了《关于党建引领传统村落保护的工作方案》，发挥党建引领作用，解决传统村落保护中资金需求、权属模式等问题。

### （二）相关法律法规

1. 相关法律

《中华人民共和国文物保护法》是我国第一部专门针对文物保护的法律，是为了加强对文物的保护、继承中华民族优秀的历史文化遗产、促进科学研究工作、进行爱国主义和革命传统教育、建设社会主义物质文明和精神文明而制定的。该法律明确了文物的定义、分类、认定、所有权、保护范围、保护方针、保护措施、保护责任、保护奖励、考古发掘、馆藏文物、民间收藏文物、文物出境进境、法律责任等内容，为包括乡土民居在内的不可移动文物的保护提供了法律依据。

《中华人民共和国城乡规划法》规定，制定和实施城乡规划，应当遵循城乡统筹、合理布局、节约土地、集约发展和先规划后建设的原则，保护自然资源和历史文化遗产，保持地方特色、民族特色和传统风貌。该法律对历史文化名城名镇名村街区保护规划的编制和审批办法进行了明确，保护规划应当由国务院或者省级人民政府确定，并由国务院或者省级人民政府审批，保护规划应当符合总体规划，并与控制性详细规划相协调。历史文化名城名镇名村街区内的建设活动应当符合保护规划的要求。

2. 行政法规

2008 年 4 月，国务院颁布了《历史文化名城名镇名村保护条例》，法规所保护的对象主要是那些“不可移动文物、历史建筑、历史文化街区”。各地方政府为了能够成为“名村”“名镇”，也把保护乡村文化遗产的主要工作精力放在历史建筑及传统村落风貌的保护上。

3. 地方性法规

江西、贵州、福建、山西、四川等省纷纷出台了省级传统村落保护发展条例。例如，2017 年，江苏省颁布了《江苏省传统村落保护办法》，明确了传统村落保护发展总体要求、目标任务、工作责任和政策措施。2021 年福建省颁布了《福建省传统风貌建筑保护条例》、2023 年广东省广州市出台了《广州市传统风貌建筑保护规定》，将传统风貌建筑的保护纳入法规体系。

2021 年 3 月，四川关于传统村落保护的首个地方性立法——《四川省传统村落保护条例》开始正式实施。该条例要求，要积极将传统村落保护发展规划纳入文化旅游发展规划，扶持有条件的传统村落发展文旅产业，引导、扶持打造旅游目的地、精品旅游线路。鼓励合理利用传统建筑发展文化创意产业、开展传统技艺体验和民俗文化活动，传承中华优秀传统文化。

4. 规章制度

2017 年安徽省黄山市出台了《黄山市徽州古建筑保护条例》，2016 年安徽省歙县出台了《歙县徽州古城保护条例》等规章制度；2019 年，四川省广元市制定了《广元市历史乡土建筑和传统村落保护办法》，旨在加强对历史、乡土建筑和传统村落的保护与管理，传承和弘扬优秀历史与传统文化，促进城乡建设与社会文化协调发展。

（三）技术指导文件

各地政府还针对本地乡土建筑的实际情况，出台了各项技术指导文件，旨在规范乡土建筑的保护、修复、利用和开发，提高乡土建筑的保护水平和质量，并对新建乡土建筑予以引导。

例如，安徽省黄山市发布了《村落徽州徽派民居建设技术导则》。该导则倡导营造留住乡愁的环境，强调农房建设要尊重乡土风貌和地域特色，精心把控建筑形体、色彩、屋顶、墙体、门窗和装饰等关键要素；提出注重采用乡土材料、乡土工艺，加强对传统建造方式的传承与创新；明确马头墙、门楼与门罩、窗楣与窗罩、挂落、街巷等 12 个徽派建筑特色元素的节点构造做法。黄山市制定了《黄山市历史建筑保护利用技术指南》《黄山市历史建筑保护与利用导则》等技术标准，明确对徽州古建筑的保护和利用；规范民居建设，开展《徽派建筑木结构防火技术规程》《徽派建筑传统木门窗隔扇图集》《徽派建筑传统大木结构梁、柱、卯榫节点实用图集》三部地方标准的编制工作。

四川省住房和城乡建设厅出台了《四川省乡村建筑文化保护与传承工作方案》。有关部门除统筹整合各类资金用于建筑修缮保护、有效抢救修复濒危或损毁建筑外，还积极推进乡土材料与传统工艺的传承创新，鼓励以“竹、木、砖、瓦”等地方性乡土材料在传统村落中的使用，开展现代夯土农房试点示范工作，营造良好的乡土环境氛围，形成一批传承乡土文化、体现地域民族风貌、适宜现代生活需要的川派民居样本。

《成都市传统民居建筑保护与利用技术导则》强调完整与原真保护原

则，要求保持传统民居的建筑形制、结构、材料、历史风貌和空间格局，不改变历史、民族、地方特色。同时，也要提升建筑物的功能性和安全性，赋予旧建筑新的使用功能和配套服务设施，使之适应现代人的生活方式和需求，实现可持续发展。在修复过程中，允许调整结构和采用新的技术和材料，但要保留具有特殊价值的传统工艺和材料。

2020年，宜宾市出台了《宜宾市美丽乡村风貌建设指引导则》，对自然环境、村庄自然格局、农房、公共建筑等方面提出了风貌引导要求。

## 二、乡土民居保护和利用的创新举措

各地方政府纷纷创新乡土民居保护和利用的方式，探索出一些符合地方特色和发展需求的模式与路径。

### （一）开展传统村落集中连片保护和利用示范工作

财政部、住房和城乡建设部等部门自2014年起开展了传统村落集中连片保护和利用示范工作，旨在探索和推广一批典型案例与经验做法，以完善传统村落保护利用和传承发展政策机制与法规制度，处理好传统与现代、继承与发展的关系。传统村落集中连片保护和利用示范工作主要包括以下四个方面：一是建立中国传统村落保护制度，实施专项资金补助和政策扶持，加强对传统村落的管理和监督；二是确定一批示范县（市、区），整合政策资源和社会资金，盘活乡村特色资源，形成以传统村落集中连片保护和利用推进乡村全面振兴的有效方法路径；三是推动传统村落的活化利用和产业发展，因地制宜发展乡村旅游、文化创意等产业，让传统村落焕发出新的生机和活力，增加农民的收入和就业机会；四是加强传统村落的文化传承和创新发展，深入挖掘传统村落所蕴含的传统文化、民族风情和地方特色，保护和传承非物质文化遗产。

### （二）开展“拯救老屋”行动

全国多地开展了“拯救老屋”行动，如四川省加快修缮有价值的古民居，恢复传统街巷院落风貌；创新改良建造方式，研究适宜古镇古村落特点的设计和施工方法；支持依托古镇古村落古民居开展农房建设试点工作，形成一批传承乡土文化、体现地域民族风貌、适宜现代生活需要的川派民居样本；加强对古镇古村落整体风貌的管控，逐步恢复乡村农耕风貌与乡土气息。

（三）加强对传统民居建造技艺的传承

福建省屏南县创新传统建筑保护修缮机制，传承传统建造技艺。一是老屋流转修缮机制。由村委会向祖居户流转承租老屋15年或20年，再以统一标准租赁给“新村民”，由“新村民”出资修缮、驻村专家团队免费设计、村委会代为组织施工，将老屋活化利用为民宿、农家书屋、艺术工作室、社会实践基地等。二是“工料法”管理机制。在实施农村小型项目时，由村委会自行购料、聘请传统建筑工匠、组织施工，并对用料、用工、施工等实行全过程监督，不仅节约了建设资金，缩短了施工周期，而且实现了古村落古建筑保护、农民就业增收、传统技艺传承的多方共赢。

（四）推进盘活利用

2020年，安徽省绩溪县出台了《绩溪县农村闲置宅基地（住宅）盘活利用试点示范实施方案》等11个配套政策，盘活利用传统建筑，探索形成三种传统建筑活化利用模式：一是由村民对传统建筑进行宜居性改造后继续使用；二是由村集体流转后进行修缮改造，并活化利用为各类展览陈列馆、文化活动中心等集体活动场所；三是社会资本参与修缮改造为民宿、餐饮等。

（五）建立共建共治共享的工作机制

湖北省恩施土家族苗族自治州探索“党员+示范户”的村民自治模式，发挥党员的模范带头作用，入户走访，畅通参与渠道。在每个传统村落确定一名党员担任联络员，带领村民参与传统建筑的保护、修缮和管理，同时，积极引导群众参与村容村貌改善、环境卫生整治、基础设施建设工作。江西省乐安县推行“党员责任区”和“党员包户巷”机制，每名党员分片挂点联系20~50户群众，入户宣传传统村落保护工作；成立了以老党员、老干部、老教师为主的“三老”理事会，积极动员在外乡贤人才、企业家参与保护和开发，仅依靠乐安县湖坪乡的民间力量维修的古建筑就达20多处，合计金额达150多万元。

（六）拓宽民居保护和利用的融资渠道

安徽省黄山市以黟县为试点，创新设立了“两山银行”，建立了“收储”制度，将农户自愿有偿退出的闲置宅基地集中收储，引入市场化资金和专业运营商。同时，推出“茶叶贷”“菊花贷”“民宿贷”等特色产品，为传统村落村民提供金融服务。2020年，江西省金溪县制定了《金溪县古村古建生态产品价值实现机制试点方案》，颁发了传统建筑经营权证书，将传统村落中传统建筑的经营权以托管的方式统一收储，创造性地开展了传统建筑所有权、经营权“两权”抵押贷款，拓宽了传统村落融资渠道。截至2023年3月，黄山市“古屋贷”贷款余额为29.4亿元。

## 三、社会各界对乡土民居保护和利用的关注

### （一）《苏州宣言》

2005年，面对当前乡土建筑文化遗产遭受来自城市化浪潮冲击的现实，谢辰生、陈志华、毛朝晰、郑孝燮、罗哲文、冯瑞渡、徐苹芳、梁从诫等40多位文物保护专家、建筑专家和文化学者共同签名，联合发布了《苏州宣言》，呼吁保护和抢救中国优秀的乡土建筑文化遗产。

《苏州宣言》提出，全社会应进一步认识到，保护好优秀的民族乡土建筑文化遗产，对于经济、社会、文化的全面协调和可持续发展具有重要性和紧迫性。各级政府应把保护优秀的乡土建筑文化遗产工作列入地方城乡发展规划。文物保护工作应遵循“保护为主，抢救第一，合理利用，加强管理”的方针，坚持“以人为本”，通过理顺管理体制和创新机制，探索多层面和多元化的运行机制和投资方式，动员和依靠全社会的力量，把这项复杂艰巨的工作做好。

相关专家指出，当前亟须对全国范围尚存的乡土建筑文化遗产进行普查，对其历史文化价值的真实性和完整性进行评估认定与分类，并运用现代化信息技术手段收集、保存有关资料。为使各地具有历史文化价值的优秀乡土建筑文化遗产不再继续遭到人为的破坏和自然流失，应在保证居民生活水平不断提高、生活环境不断改善的前提下，有重点和有针对性地制定保护规划和实施方案。

### （二）《西塘宣言》

《西塘宣言》是2006年4月在浙江省嘉善县西塘古镇召开的“中国古村落保护（西塘）国际高峰论坛”上发表的一份关于传统村落保护的重要文献。《西塘宣言》由中国著名作家冯骥才起草，得到了来自国内外的专

家学者、政府官员、社会组织和媒体代表的支持。《西塘宣言》呼吁全社会关注和参与传统村落的保护与发展，认为传统村落是中华民族优秀的历史文化遗产，也是人类最后的精神家园。《西塘宣言》提出以下五点主张：

（1）传统村落是祖先创造的第一批文化成果，也是我们今天最后的精神家园，应当得到尊重和保护。

（2）传统村落是乡村文明的重要载体和资源，也是乡村振兴的重要基础，应当得到利用和发展。

（3）传统村落是自然环境和人文环境的有机结合，也是生态文明的重要组成部分，应当得到维护和恢复。

（4）传统村落是民族风情和地方特色的集中体现，也是多元文化的重要表达方式，应当得到展示和创新。

（5）传统村落是非物质文化遗产的主要载体和场所，也是民间艺术和手工艺的重要源泉，应当得到传承和弘扬。

### （三）《中国乡土建筑保护——无锡倡议》

2007年4月，国家文物局在无锡召开了“中国文化遗产保护无锡论坛——乡土建筑保护”会议，会议通过了中国首部关于乡土建筑保护的纲领性文件《中国乡土建筑保护——无锡倡议》，呼吁各级政府积极行动起来，动员并依靠全社会的力量，加强对乡土建筑的保护。而在此之前，社会更多聚焦的是“辉煌建筑”的保护，比如故宫等。

该倡议指出，政府应加强立法，制定有关乡土建筑保护的专项法规，在乡土建筑保护所涉及的土地置换、产权转移等问题上，积极探索并制定有利于乡土建筑保护的政策和措施。建议把乡土建筑的保护纳入各级政府新农村建设的总体规划之中，在保护的前提下对乡土建筑进行合理利用，同时鼓励、指导村民通过房屋内部设施改造，使乡土建筑内部设施满足现代生活的居住要求。对难以或不应改造的乡土建筑，应实行原地保护。各级政府应从新农村建设基础设施补助费中安排资金用于乡土建筑的保护，并鼓励、引导社会资金的投入。应该鼓励复兴传统建造工艺和知识，开展乡土建筑保护的培训活动，不断提高乡土建筑保护的工作水平。相关专家还特别指出，对乡土建筑形成的聚落整体，包括周边环境及其所蕴含的合理的生活方式、传统民俗等非物质文化遗产同样要加以保护。

## 第六节　乡土民居保护与旅游可持续发展

### 一、旅游可持续发展的原则

旅游可持续发展是一种既满足旅游者的需求，又保护和改善目的地的环境、社会和经济条件，从而为当代人和后代人提供长期的旅游机会和福祉的旅游模式。旅游可持续发展要求旅游者、旅游从业者、政府和社区等各利益相关者共同参与，平衡旅游业的发展与保护目的地的资源和文化的关系，实现旅游业与其他产业的协调发展，促进目的地的繁荣和进步。旅游可持续发展的原则主要有三个。一是环境原则：保护和恢复生态系统的完整性与多样性，减少旅游活动对环境的负面影响，提高资源的使用效率和替代性，促进清洁能源和低碳技术的应用。二是社会原则：尊重和保护当地社区的文化、传统与价值观，提高旅游者的满意度，促进文化交流和理解。三是经济原则：促进旅游业与其他产业的协调发展，增加当地就业和收入，提高旅游业的竞争力和创新力，实现公平分配。

### 二、实现乡土民居保护与旅游可持续发展的途径

#### （一）加强政策法规和标准规范

制定并完善乡土民居保护的政策法规。明确乡土民居的保护范围、等级、责任主体、资金来源、监督机制等，制定并实施乡土民居的建筑、治安、消防等标准规范，提高乡土民居的质量和安全水平。完善乡土民居保护与利用的国家标准和地方标准，规范乡土民居的建设、改造、维修、管理等行为；建立健全乡土民居保护与利用的法律责任和激励机制，明确政府、村集体、村民等各方的权利与义务。

#### （二）加强顶层设计和规划引导

加强乡土民居的普查登记和动态监测，建立健全乡土民居保护与利用的信息平台和数据库，及时掌握乡土民居的数量、分布、特征、状况等基本情况，为科学制定政策和规划提供依据；深化对乡土民居的历史价值、文化价值、艺术价值和科学价值的调查研究，深入挖掘乡土民居所蕴含的

传统文化、民族风情和地方特色，编制乡土民居的分类体系、评价指标、保护标准等。明确目标任务和责任分工，形成由政府主导、市场运作、社会参与的多元化合作机制。加大资金投入和政策支持力度，增加财政预算和专项资金，出台优惠税收和补贴政策，引导社会资本和民间资金参与乡土民居的保护和利用。

### （三）加强专业技术研究和人才培养

借鉴国内外乡土民居保护与旅游发展的先进经验和成功案例，开展乡土民居的调查评估、修复保护、风险防控等专业技术研究，提升乡土民居的保护水平和利用效率。加强对农村建设工匠、乡村文化和旅游带头人、乡村民宿经营者等的专业技能培训和指导；开展乡土民居保护与利用的学术交流活动，搭建多学科、多领域、多层次的交流合作平台，促进国内外乡土民居保护与利用的理论研究和实践经验的分享与交流。

### （四）加强文化传承和创新发展

深入挖掘乡土民居所蕴含的历史文化、民俗风情、地域特色等，丰富乡土民居的文化内涵和产品形式，打造有故事、有体验、有品位、有乡愁的乡村旅游品牌。尊重历史文化传统，同时适应现代生活需求，加强乡土民居的创新设计，结合乡村旅游的需求和特点，运用现代科技和传统工艺相结合的方法，提升乡土民居的功能性、舒适性和美观性。活化利用乡土民居资源，推动与旅游、农业、林业、教育、文化、康养等产业深度融合，打造一批繁荣农村、富裕农民的新产业和新业态。

### （五）加强社区参与和利益共享

充分发挥村民在乡土民居保护与旅游发展中的主体作用，支持村民通过自主经营、合作经营、入股分红等方式参与乡土民居的建设和管理，增加村民的收入。加强对村民的消费引导和教育培训，提高村民的文化素养，增强村民的环保意识，培育村民对乡土民居的认同感和归属感。加强社区内部的沟通协调和利益调节，营造社区共治共享的良好氛围。

## 三、实现乡土民居保护与旅游可持续发展的成功案例

### （一）阿尔贝罗贝洛小镇的旅游可持续发展

阿尔贝罗贝洛是意大利南部普利亚大区巴里省的一个小镇，以其独特

的乡土民居——特鲁利建筑而闻名于世。特鲁利是一种用石灰石板层层堆砌的圆锥顶石屋，不使用任何黏合剂，具有很强的稳定性和抗震性。这种建筑技术在地中海地区有数千年的历史，是人类最原始的建屋方法之一。特鲁利的外墙涂成白色，屋顶上装饰着各种图案和尖顶，形成了一道神奇而梦幻的风景。1996 年，阿尔贝罗贝洛的特鲁利建筑被联合国教科文组织列入世界文化遗产名录。

当地政府将文化度假旅游作为阿尔贝罗贝洛古镇保护与开发的切入点。根据当地居民意愿，其一部分仍旧居住在镇内，另一部分迁出住在相邻的新建村镇内，但依旧在小镇内工作。这样，在保护当地特色建筑的同时，最大限度地保留了当地风俗文化的特点。阿尔贝罗贝洛的乡土民居保护与旅游可持续发展采取四个方面的举措。

（1）保护优先，尊重历史，修旧如旧，避免大拆大建和同质化。阿尔贝罗贝洛对特鲁利建筑进行了全面的修复和维护，保持了其原始的风貌和结构，保留了其内部的家具和工具，重现了几个世纪前的生活场景。

（2）利用适度，因地制宜，注重特色，实现宜居、宜游、宜业三者相统一。阿尔贝罗贝洛将特鲁利建筑作为旅游资源和文化载体，开展了各种旅游项目和文化活动，如农耕体验、民俗表演、手工艺品制作等，传承和弘扬了当地的历史文化。同时，也将部分特鲁利建筑改造成了农家乐、酒店、餐厅等服务设施，为游客提供了舒适和便捷的住宿与就餐环境。

（3）参与广泛，动员社会各界参与传统村落的保护、利用和管理，增强村民的文化自信和归属感。阿尔贝罗贝洛通过引入专业团队和社会资本，在尊重历史风貌的基础上进行改造提升，同时也充分发挥了村民的主体作用和创造力，让他们参与到特鲁利建筑的保护、经营和推广中来。

（4）创新发展，传承和创新相结合，激发传统村落的内生发展动力，打造具有区域特色和时代特征的乡村品牌。阿尔贝罗贝洛在保持特鲁利建筑的原貌和功能的同时，也不断探索其新的可能性和价值，如将其作为艺术展览、教育培训、环境保护等领域的平台。通过这些创新举措，阿尔贝罗贝洛提高了自身的知名度和影响力，也为传统村落注入了新的活力和动力。

### （二）西递、宏村的文化传承与旅游可持续发展

西递、宏村位于安徽省黄山市黟县境内，在文化遗产保护、引导原住

民参与、发展村集体经济和福利、促进文化遗产旅游可持续发展方面取得了明显的成效。2020 年 11 月，西递、宏村被联合国世界旅游组织授予“联合国世界旅游组织旅游可持续发展中国观测点——最佳古村落保护和可持续发展案例奖”。

1. 基本情况

西递和宏村是传统的徽派古村落，这两个村庄因其完整保存的村落结构、工艺精湛的徽派民居和丰富的历史文化内涵而享有盛誉，被誉为“中国画里乡村”“中国明清时代的民居博物馆”（见图 2.2）。2000 年，西递和宏村被联合国教科文组织世界遗产委员会列入世界文化遗产名录。

图 2.2 “中国画里乡村”宏村

2. 经验和做法

多年来，黟县始终坚持“保护为主、合理利用”的方针，促进文化遗产地“文旅融合发展”和“旅游可持续发展”。其经验和做法如下：

（1）强化规划管理，坚持依法保护。20 世纪 80 年代中期，黟县人民政府就将西递、宏村两古村落的保护工作纳入了县城的综合规划管理，出台了《黟县西递、宏村世界文化遗产保护管理办法》及实施细则，出台了《西递古村落保护规划》《宏村古村落保护与发展规划》。2000 年以来，黟县相关职能部门加大了执法力度，纠正处理了一些因商业利益的驱使而出现的乱拆、乱建、乱改造现象，村民的依法保护意识不断增强，为政府在保护第一的前提下合理发展旅游业奠定了坚实的基础。

（2）依托文化遗产资源，加快发展旅游业；在保护古村落的前提下，大力发展旅游业。重点打造古村落观光游、研学游、艺术写生游、文化演艺游。西递、宏村已成为多业态的乡村旅游典范，大型实景文化演出“宏村阿菊”“西递夜游”入选安徽省夜间文旅消费“十佳夜娱活动”。

（3）大力发展民宿集群，推进对古民居的利用。黟县出台了《黟县乡村民宿发展规划》《关于大力发展乡村民宿的实施意见》《黟县文化旅游体育产业发展专项资金奖励办法》等一系列扶优政策，引导和鼓励西递、宏村村民采取自营、出租、流转等方式，吸引民间资本，利用闲置的古民居，通过维修改造，发展古民居特色乡村民宿，促进西递、宏村文化遗产观光旅游向度假休闲旅游转型。目前，西递、宏村及周边共发展民宿 902 家，占全省民宿总量的 27.3%。

（4）建立合理分配机制，兼顾各方利益。黟县人民政府与旅游企业达成协议，每年从西递、宏村门票收入中提取 20%作为两村的文物保护资金用于古村落的维修维护，提取 8%作为村集体旅游收益分成，由村委会用于村集体公益事业发展和村民旅游分成；提取 4%作为当地镇政府的旅游收入分成，用于西递、宏村两村周边环境整治和环境卫生保洁、垃圾转运处理等。西递、宏村村民人均纯收入的 90%以上源于旅游及相关产业，增强了村民对居住地的认同感和自豪感，从而也增强了村民自觉保护古村落的意识。

（5）利用旅游筹集资金，反哺保护。黟县人民政府从旅游门票收入中提取 20%的文物保护资金，专门用于西递、宏村两个古村落的持续维修保护。20 多年来，为保护古村落的真实性、完整性，当地政府不间断地对村古民居与周边环境进行综合整治。

（6）组建机构，强化遗产地管理。黟县出台了《黟县西递宏村遗产核心区房屋修缮管理办法》，以进一步规范修缮报批手续和行为。西递、宏村村委会组建了由村民自愿参与的民间保护协会，制定了村规民约，大力开展遗产地保护知识宣传教育工作。同时，逐步提高村民收入分成比例，使全体村民在旅游业发展和承担保护义务中享受更合理、更稳定的收益。村民成为村落保护和发展的内生动力。

# 第三章　宜宾乡土民居

在传统乡土民居的形成和发展过程中，由于受到社会生产力、地区自然条件、区域风俗习惯等因素的制约和影响，各地乡土民居在建筑类型、建筑材料、装饰手法、设计布局等方面出现了多样化倾向。位于川南的宜宾乡土民居在自然人文环境的作用下，也形成了自身独特的建筑风格。

## 第一节　自然人文环境

### 一、自然地理条件

#### （一）地形地貌

宜宾市位于四川盆地南缘，地处云贵高原向四川盆地过渡的大斜面上。市境西部为大小凉山余绪，南部为云贵高原北坡，东北部与四川盆地盆底丘陵相接，东南侧属盆东岭谷区，西北侧属盆中方山丘陵区。最高点为西部屏山县境内的五指山脉老君山主峰，海拔高度为 2 008.7 米，最低点在东部江安县井口乡金山寺附近的长江河谷段，海拔高度为 236.8 米，相对高差达 1 771.9 米。

宜宾地貌形态以丘陵和低中山为主，主要类型为山地、丘陵、平坝。“层峦叠嶂，环以四周，沃野千里，蹲其中服，岷江为经，众水纬之，咸从三峡一线而出，亦自然一省会也。”《长江三峡地理》中的这一描述生动地刻画出了川南地区的地理特征。

#### （二）气候

宜宾属中亚带湿润季风气候区，浅丘、河谷地域兼有南亚热带气候属性，南部山区立体气候特征明显。冬季盛行偏北的大陆季风，夏季盛行偏南的海洋季风。

宜宾市年均气温为17.5℃（海拔在800米以下），四季气候温和而分明。由于四川盆地北缘秦巴山地的屏障作用，加之宜宾市位于四川盆地南缘，北方冷空气进入受到抑制，因而冬季较为温暖，全年最热的月份为每年7~8月。全市年均降雨量大部分地区为1 000~1 200毫米，降水较为丰富。夏季降雨量占全年降雨量的50%以上，全年降雨日数秋季较多。全市受地形性锋面的影响和“盆地效应”的作用，地面因增温使得空气中增加的水汽不易扩散，而形成四季尤其是秋冬季的湿度大、阴天多、日照少、风力微弱等气候特点。

### 二、物产资源

宜宾的岩质多为侏罗纪和白垩纪紫红色砂页岩，山区石材丰富。砂岩开凿容易，毛石墙、乱石墙应用较普遍。较好的石材，如青石、石灰石，也有广泛分布。有丰富的木材资源，山地均森林密布，松、柏、杉、杨、槐及香樟、楠木等树种丰富多样。竹林不仅生长于山林间、乡间房前，屋后也广有种植，既是生活用品和各种工具制作的材料，也是房屋建造的极好用材。

宜宾的黏土虽然丰富，但多夹杂风化的砂页岩，一般常在山区有版筑土墙的应用，但高大坚实的土筑墙则较少见。烧制黏土砖、小青瓦是民居中应用极广的材料。在广大农村，稻草、芭茅草随处可见，常用于屋顶作为覆盖材料。此外，四川多桐树、漆树，盛产桐油和土漆，在房屋建筑装修上面有广泛应用。四川传统民居建造几乎全取材于这些多种多样、用之不竭的地方材料。

### 三、建制沿革

宜宾的历史悠久，早在公元前4000年至公元前3000年就有氏族部落在此繁衍生息，距今2 400多年前已有僰人聚居，因其地处巴、蜀通向“滇僰”的交通要冲，故史称“僰道”。僰道城即今宜宾旧城所在，宋时正式定名为宜宾。从两汉时的犍为郡开始，宜宾先后有1 400余年作为区域性政治、经济、文化中心。

1. 远古时期的僰人先民故乡

在旧石器、新石器时期，宜宾今老城、南岸、旧州等区域已有先民生活的痕迹。距今五六千年时氏族部落就在此从事渔猎、原始农耕。三江口、屏山县、宜宾县、筠连县等地均有远古人类文化遗物出土。

在先秦时期，僰人生活在以今宜宾为中心的川南和滇东北地区，《汉书》称之为“僰侯国”，后来因汉族渐多而迁徙。宜宾在春秋战国时期属蜀地，战国后归入蜀郡。

2. 秦汉时期成为川、滇、黔接合部重要城镇

在秦汉时期，宜宾首次设置县级行政机构僰道县，在三江口建僰道城。西汉始元元年（公元前86年），僰道城为犍为郡郡治，属西汉益州刺史部。宜宾首次成为辖县的政权机构所在地。东汉初年，犍为郡改为西顺郡，僰道改为僰治，所辖不变。东汉建武十二年（36年）犍为郡迁治武阳（今彭山区江口镇），僰道恢复县的建制。汉代加强了对“西南夷”的开发和管控，宜宾成为川南及滇东北、黔西北的政治中心和军事重镇。

3. 南朝至明代是中央政权开发和管理“西南夷”的战略要地

唐朝统治期间，宜宾所辖称为戎州，治僰道城。唐代戎州所辖区域沿袭隋朝，辖僰道、南溪、犍为等五县，同时设戎州都督府，统领64个羁縻州。戎州成为唐王朝管理西南广大民族地区的军政中心。

宋政和四年（1114年），戎州更名为叙州，僰道县更名为宜宾县。

明太祖洪武六年（1373年），废叙州路置叙州府，宜宾城为叙州府治永乐中（约1413年）下川南道署设在叙州府，嘉靖十三年（1534年）治所移驻嘉定（今乐山市）。为加强对西南少数民族的控制，朝庭在宜宾城设立了叙南卫，强制推行“改土归流”。

4. 清末民国时期是川滇黔接合部重要商贸重镇，抗战时期成为大后方

明末清初，由于战争爆发，宜宾人口锐减、城池荒废；清中期，“湖广填四川”移民垦殖后逐步恢复经济；清中后期，宜宾经济空前繁荣，三江口宜宾城成为川滇黔接合部商贸重镇。

1912年裁下川南道，以府、州、厅直隶省政。1913年恢复道制，废府、州、厅，由道辖县。今市境各县均属下川南道（治所泸县）。1914年

改下川南道为永宁道。1935年，市境大部设为四川省第六行政督察区，专员公署驻三江口宜宾城，江安县从此归属宜宾。民国时期，宜宾积极参与民主革命，抗战爆发后成为文化、军事抗战大后方。

5. 1949年后城市快速发展，公布成为国家历史名城

1949年宜宾解放后，成立了川南人民行政公署宜宾区专员公署，驻地三江口宜宾城。后宜宾历经多次区划调整，才形成了现在的城市格局。1986年，国务院批准公布宜宾市为第二批国家历史文化名城。

## 四、地方文化

吴良镛教授在谈到地方文化对建筑的影响时说道："一切真正的建筑，就定义来说是区域性的。"如"四合院建筑表面看是一种建筑形式，它对我们中国居住来说已经不仅是一种样式，而是植根于生活的深层结构，是一种居住文化的力量"。

宜宾市的历史悠久，文化底蕴深厚，是川滇黔三省的交通要冲、长江上游的门户、西南边疆的重镇、南方丝绸之路的起点。这样的历史文化决定了宜宾市乡土民居具有多元而独特的特色。

### （一）移民文化

四川历史上大规模的人口迁入有七次：一是秦灭巴蜀后，迁秦民万家充实巴蜀，以便控制巴蜀；二是东汉末到西晋，大规模境外移民迁居四川，原因是战乱；三是唐末五代、南宋初年，大批北方人亦因战乱迁入四川；四是元末明初，长江中下游的移民大批入川；五是明末清初，因为战乱，四川人口大减，土地荒芜，大批长江中下游及南方移民迁入；六是全民族抗战爆发后，以长江中下游为主的移民大量迁入；七是1949年后，为了国家工业的合理布局及"三线"建设，大量的技术移民迁入。

尤其明清的两次"湖广填四川"，大量南方诸省移民入川定居垦荒经商，四川的移民文化渐成主流。大规模的移民为宜宾增加了人口，促进了宜宾的经济发展，也带来了文化的交流和整合。来自各地的迁徙者们在传播自身建造技术的同时，也吸取了本地的风土人情，在融合中体现新的居住形态，对民居建筑风格也产生了影响。

### （二）名人文化

宜宾的文化底蕴深厚，历代名人辈出，他们在各自的领域作出了卓越

的贡献，在宜宾的发展和中华民族的进步中留下了光辉的足迹。如中国共产党早期参与领导革命斗争的先驱之一李硕勋，被评为“100位为新中国成立作出突出贡献的英雄模范人物”之一的赵一曼，中国新文化运动先驱者之一、创作了《三毛流浪记》等优秀影视作品的阳翰笙，被誉为近现代柑橘专家、“中国夏橙之父”的张文湘，我国古建筑保护事业的开拓者和领导者之一的罗哲文，中国现代著名的思想家、当代新儒家的主要代表唐君毅等。

此外，不得不提的还有抗战期间在李庄生活、工作过的文化名人，其中最著名的是梁思成和林徽因这对夫妻。他们是中国建筑史的开创者，在李庄写就了《中国建筑史》，并参与了大量的古建筑调查测绘工作。此外，还有李济、傅斯年、陶孟和、董作宾、吴定良、李方桂、童第周、梁思永、刘敦桢、周均时、丁文渊等知名学者，也在李庄生活、工作过。他们在艰苦的环境中坚持治学，用知识分子的担当和情怀展现了中国文化在烽火中的坚守与创新。

### （三）风水文化

在生活中，风水被许多人视为一种“迷信”。而风水学并非完全迷信，它是研究环境科学的学问，强调人和自然的有机协调与和谐统一，尤其重视研究村落及建筑的择地、布局、方位与自然天道和人们生活环境协调统一的问题。最理想化的选址是“藏风聚气”。针对这种风水结构，古人早在《阳宅十书》中就进行了详述：“凡宅左有流水，谓之青龙；右有长道，谓之白虎；前有汙池，谓之朱雀；后有丘陵，谓之玄武，为最贵地。”这是生态学领域中非常经典的一种环境，其后侧有靠山，能够抵御冬季时的寒凉；其南面面向流水，能够实现夏凉，而且还能够为农业生产、生活等提供用水，十分便利；朝南有助于采光，保证房屋有足够的光照，而且地势偏高也能够防御洪涝等灾害；在周边种植植物有助于保持水土不流失，并对气候进行有效调节，还能够获得相应的薪柴。这种生态环境将人类的居住、生活、生产等多个方面与自然有效融合。

### （四）开放包容、知足常乐的性情

包括宜宾人在内的四川人往往会给人留下开放包容、自由自在、知足常乐的印象。其原因如下：一是四川地处内陆，四面高山环绕，在古代交通困难的时候，也就成为相对安宁与安全的地区。二是四川人由不同时期的移民组成，有包容之心，好相处。三是宜宾位于金沙江、岷江、长江三江交汇处，境内河网纵横，历史上水运发达，是南方丝绸之路上的枢纽，码头不仅为宜宾带来了经济的昌盛，还影响了地方人文气质，塑造了宜宾人讲诚信、好客开放的性格特点。在唐朝时宜宾被称为“义宾”，取的就是“慕义来宾”之意。

（五）宗教文化

宗教文化是地方历史文化的重要组成部分，佛教、道教、天主教、基督教等宗教开始进入宜宾并进行传播。四川作为道教的发源地，一直以来受到道教文化和道教美学思想的浸染，道教追求“贵生乐活”的生命现实美，讲究“道法自然”的美学趣味，追求“朴素”的美学爱好，崇尚“逍遥”的美学风度等。这些富于民族特色的美学理想和美学追求以宗教文化形态影响着民众的美学意识和审美趣味。

## 第二节　宜宾传统乡土民居的特色

传统乡土民居的建造者受到历史生产力发展水平和技术经济条件的种种制约，都力图在有限的财力、物力条件下尽可能地适应自然社会环境，获取最理想的居住环境。同时，农业文明社会的耕读文化、思想意识、社会观念和审美情趣都对民居的建造产生了极其重要的影响，因此形成了各地富有差异的乡土民居特色。宜宾传统乡土民居的特色体现在四个方面：

### 一、布局灵活，体态轻盈，与环境协调

（一）布局灵活

宜宾传统乡土民居的平面布局灵活，对地形的适应性强。由于四川地形复杂，平原、丘陵和山地各有不同，因此民居的建造充分利用木穿斗结构的机动灵活性和经济简便性，因地制宜、随坡就势。平原及浅丘区的民

居多选择较为平坦的地块建屋，保持中轴对称的规则布局。山地、丘陵地区的民居则根据地势进行分部组合，组合关系大都为平行或垂直，单体民居较少有完全围合的形式。房屋多沿等高线排列，依山脉趋势和河流走向而建，构造上局部采用吊脚、出挑的方式，造型生动活泼。无论是哪种类型的民居，其平面形式主要有“一”字形、“L”形、“U”字形。

（二）体态轻盈

四川气候温暖潮湿，民居屋面普遍采用不施望板和毡背的“冷摊瓦”铺设方式，因而屋面较之北方建筑少了一些厚重之感。又因经济技术条件的限制，四川民居广泛采用民间手工制作的小青瓦，用料轻薄，加之屋顶出檐深远，给人以飘逸轻盈的感受。另外，一般传统民居在入口和天井处常常施以深远的出檐，形成遮阳避雨、休闲活动的半公共空间，增添了建筑通透空灵的生动性。特别是民居建筑的墙体是穿枋与木柱组成的方格套粉白竹编夹壁墙，组成穿斗式构架的深色木构与白色墙壁在视觉上形成强烈的对比，轻盈明快的风格油然而生。

（三）讲究风水

川南民居的建筑空间格局受风水文化的影响非常久远。民间认为背靠山、面临水为风水宝地，即平常所说的“负阴抱阳”。一些地方农户不喜欢官式建筑的南北朝向，民居常常为东西偏南的角度定位，既满足日照通风的需求，又附会“东西”，寓意家里有“东西”过得富裕，地址常常在阳坡，满足空间布局的要求。

如被誉为川南民居活化石的夕佳山民居选址就非常讲究，所选位置暗含了易经八卦与堪舆风水学的奥妙，其左侧可遥望“青龙”山，右侧远观可见“白虎”山，正面应对“朱雀”山，后背则依靠“玄武”山。当前，原有的灌木已被清除，全部改种了桢楠，整个种植面积达到 80 多亩（1 亩≈666.67 平方米，下同），成为四川地区规模最大的人工桢楠林。

（四）就地取材

传统民居的使用对象多为广大中下层的劳动人民，因此多使用经济、廉价、易得的材料。因此，乡野丰富且就地可取的黏土、红石、木材、竹子等得到了广泛应用，成为主要的建筑材料，这些各种不同材料的性能、质地、色泽、形状特征得到充分应用，形成质感、色彩、肌理方面的对比变化和协调统一，从而也形成了川南传统民居独特的外观形式（见图 3.1）。

图 3.1 宜宾传统乡土民居（一）

（五）融入环境

宜宾乡土民居的平面布局依山就势，十分灵活，虽有轴线控制，但变通自如，尽量与周围自然环境融洽契合。在房屋建设过程中很少破坏原生态的自然山川环境面貌，努力保护生态环境，与房屋周围的自然环境相得益彰，而不是大挖大填，乱伐林木。与此同时，还有意识地培植经营民居内外空间的绿化环境，除庭院及花园外，还包括周围的林木、山石、塘堰、菜地、果园等（见图 3.2）。如同刘致平先生对李庄的描述：颇觉乡居景物的优美，山野村居或三五家或十数百家，连聚错落着，它的外围常种竹丛，溪水也很多，所以感觉有点江南风味。

图 3.2　宜宾传统乡土民居（二）

## 二、实用且美观的穿斗式结构

川渝地区民居与其他地区民居最大的差别在于其独特的结构体系——穿斗式结构体系。此种结构体系是当地人民经过数千年的生产和生活所总结出来的最适合当地地形地貌、气候环境等自然因素的体系。其原因如下：一是川渝地区的地形以山地地形为主，大量的传统场镇、民居依山而建，临水而生，穿斗式结构轻盈，灵活多变，非常适应这种多山的地理环境。二是川渝地区蕴藏着丰富的森林资源，为穿斗式这种木材消耗量很大的结构体系提供了建筑材料。三是川渝地区的气候湿热，穿斗式结构的空间高阔，出檐深远，加之与天井等空间结合，具有通风、避热、除湿的作用。四是穿斗式结构体系与由当地大量的生土材料形成的围护体系结合良好，如穿斗式构架与夹壁墙、木装板墙等。

古代的工匠就已经充分认识到了穿斗式构架的美学意义，并没有像其他建筑一样，将结构构件完全用装饰构件包裹起来，而是将结构暴露于外，充分发挥这种构件在立面装饰上的作用，达到了结构与艺术形式的完全统一。特别是在山墙部分，穿斗式构架凸出于白色的墙体之外，形成了川渝地区独特的建筑符号，是这一地区传统民居最为显著的外部特征（见图 3.3）。

图 3.3　宜宾传统乡土民居（三）

## 三、礼仪有序与不拘法式的融合

（一）礼仪有序

伦理观念在传统社会中对伦理位序、长幼尊卑有严格限制。川南区域传统礼法思想对其限制与约束较少，但“尊卑有序，内外有别”的伦理位序观念仍深植于传统文化中。

例如，合院的布局体现了家庭的尊卑等级秩序。伦理主要讲一个“礼”字。《礼记》有：“礼别异，卑尊有分，上下有等，谓之礼。”从供奉“天地君亲师”牌位的大礼到分家庭长幼辈分的正礼均在合院布局安排中有秩序地表现出来。民居一般均按“堂”“围”（也称“厢”）为单元组合成大小不同的庭院住宅，其中既有二堂二围也有三堂四围。其布局是：正中系厅堂、院子，左右是围房，后面是花园，大门前是敞坝、池塘、照壁。在民居的布局中，不论如何灵活变通，对主要的或核心的部分务必求正，而且要位于显要之处。

又如，古有“左贵于右”之旧礼教，所以川南古民居多以正厅堂的中轴线为贵贱的分界线，堂屋的左边为“贵”，是长辈居住的地方；堂屋的右边是晚辈居住的地方，所以左右建筑的格调就有严格的等级区别。像江安县的夕佳山民居就充分反映了这一点。它的左侧是中客厅、上客厅、戏台、经堂、书房、工字厅、怡园等。建筑多配以典雅雕刻的花格棂窗，垂花卷草；檐前吊柱，雕饰垂穗灯笼；檐下斜襟、镂空“寿”纹花鸟，隔板上又刻以山水、人物、绶带和博古图书；梁柱彩绘飞金，“驼峰”云纹飘逸，上下辉映，尤显富丽堂皇。建筑的格调很高。然而，与之形成强烈反差的右侧则是下客厅、粮仓、织布房、绣房、酒菜醋油作坊、厨房、马房、轿房、土牢、磨坊等。在雕饰方面，除部分必须服从对称布局的雕饰之外，其余大部分建筑几乎都还未做大的华丽装饰，在格调上较之左侧要低得多。

（二）不拘法式

在封建社会，四川远离北方统治中心，加之山川阻隔，环境封闭，北方正统建筑法式的影响多力所不逮，而四川民居作为民间乡土建筑受封建专制思想的限制束缚较少，所以多有“僭级逾制”之举，不落常套，灵活多变，并且在长时期的移民文化多元融合中逐渐形成包容豁达的风格。如刘致平先生在《中国居住建筑简史》一书中关于四川住宅历代宅制介绍的开头指出：“清初各地移民入川，又增加了文化的复杂性，于是四川住宅形制是非常丰富了。”“四川盆地住宅建筑在清代初年由于闽、粤、湘、鄂、赣、黔、陕等处移民入川的结果，它的式样和内容更加丰富及多样化了。”“与他省他处住宅相比较则绝然有特殊风貌。”

1. 散居形式普遍

在居住习俗上，部分四川民居仍然沿袭着秦汉以来的居住模式，即单家各户散落田野过着自由自在的农耕生活。继续以“小人薄于情礼，父子率多异居。其边野富人，多规固山泽”（《隋书·地理志》）的不依赖血缘纽带的形式独居。从一定程度上讲，这是先秦中原居住文化在中原以外地区大规模的传承，后来中原这种民俗文化消失了，反而在巴蜀地区得到传播与承袭。同时，由于历朝都有规模化的移民进入，缺乏时间和环境来保障家族繁衍的纯正与稳定，难以形成以血缘为纽带的聚落，形成了各省移民混合散居、互不干扰、融洽包容的格局，同时也形成了一种新的聚落形式——场镇。

2. 会所众多

李先奎教授提到“会馆也是放大的民居”，其发展也是移民文化的主要体现。蓝勇、黄权生所著的《“湖广填四川”与清代四川社会》一书中写到，川南地区的湖广会馆最多，其次分别是江西会馆与广东会馆。如李庄古镇的重要特色之一就是“九宫十八庙”建筑群体，绝大部分原因是移民人口的大量增加和商业经济的兴起，各种组织需要建立固定的活动场所。如慧光寺最初由湖广籍入川的尹氏族人所建，兼有湖广会馆的性质，玉佛寺即李庄天上宫（见图 3.4）。

图 3.4　李庄天上宫

3. 建筑装饰的多元化

清初大规模移民把原籍的建筑文化因素融入宜宾民居建筑中，使得这一时期的建筑文化呈现出多地域建筑因素包容的特色。以封火墙为例，封火墙是中国传统民居聚落的一种以防火为目的的墙体建筑，一般是指高于两山墙屋面的墙垣，即山墙的墙顶部分。封火墙在中国各地区有着不同的造型风格，主要有徽派的马头墙、闽派福州风格的马鞍墙、粤派岭南风格的镬耳墙等。在李庄，其建筑的封火墙不是单一的某种样式，而是融合了多种移民建筑文化因素形成的，闽、粤、赣封火墙的形式可以在同一栋建筑中出现，样式可以是曲线和直线相混合，充分体现了移民文化对地方民居建筑风格的影响（见图 3.5）。

图 3.5　李庄民居封火墙

## 四、独具特色的美学风格

李先逵在所著的《四川民居》一书中，将包括川南民居在内的四川民居特色集中概括为薄透、轻灵、秀雅、朴素等特点。江安县五里村杨家大院就具有这些特点，见图 3.6。

图 3.6　江安县五里村杨家大院

薄透，整个建筑的氛围轻松疏朗，没有压抑沉重之感。民居房屋的屋顶多为小青瓦，墙多为木板壁竹编夹泥墙，甚至芦席竹笆墙都是薄而透气的。居住空间以敞厅、檐廊、庭院等开敞通透的空间为主。

轻灵，建筑风格轻盈明快。灵动的建筑组合，灵巧的地形利用，灵活的构造方法以及大开敞、宽出檐、多层挑、斜撑弓等造型要素都给人以举重若轻的洒脱。"青瓦出檐长，穿斗白粉墙。悬崖伸吊脚，外挑跑马廊"就是对轻灵风格的描述。

秀雅，民居与自然环境、青山绿水十分协调，充满灵秀之气。建筑不笨重，装饰堆砌少，空间亲切有趣。特别是乡间农宅往往有竹林相伴，充满乡野雅趣。

朴素，更多地反映在装修装饰和地方材料的应用上，民居建造大多就地取材，以突出材料的本色质感，是自然美的表现。木构民居多为天然本色，黛黑色小青瓦，红棕色木框架，对比纯白色夹泥墙，在绿色丛林中，十分恬淡又活泼明快。有的房舍台基阶沿采用当地产的红砂石，完全同周围山石大地环境混生交织。一般装饰较为节制，多为本色油饰。

## 第三节　宜宾的传统乡土民居资源

宜宾市辖翠屏区、南溪区、叙州区、江安县、长宁县、高县、筠连县、珙县、兴文县、屏山县。宜宾市拥有丰富的乡土民居资源，它们不仅具有建筑美学的价值，也具有旅游开发的潜力。

### 一、被列入旅游资源的乡土民居

2020年，宜宾市各区县开展并完成了旅游资源普查，普查对象包括乡土民居类型，并对其中具有较高历史文化价值的乡土民居进行了资源的等级评定。列入旅游资源的乡土民居统计情况见表3.1。

表 3.1　被列入旅游资源的乡土民居

| 序号 | 资源名称 | 行政位置 | 资源等级 |
| --- | --- | --- | --- |
| 1 | 中心街 24 号民居 | 四川省宜宾市叙州区横江镇正义社区 | 二级 |
| 2 | 中心街 37 号民居 | 四川省宜宾市叙州区横江镇正义社区 | 二级 |
| 3 | 商业街 61 号民居 | 四川省宜宾市叙州区横江镇正义社区 | 二级 |
| 4 | 商业街 65 号民居 | 四川省宜宾市叙州区横江镇正义社区 | 二级 |
| 5 | 商业街 79 号民居 | 四川省宜宾市叙州区横江镇正义社区 | 二级 |
| 6 | 商业街 92 号民居 | 四川省宜宾市叙州区横江镇正义社区 | 二级 |
| 7 | 小街 43 号民居 | 四川省宜宾市叙州区横江镇正义社区 | 二级 |
| 8 | 小街 53 号民居 | 四川省宜宾市叙州区横江镇正义社区 | 二级 |
| 9 | 朱家民居碉楼 | 四川省宜宾市叙州区横江镇正义社区 | 三级 |
| 10 | 民主街 10 号民居 | 四川省宜宾市叙州区横江镇正义社区 | 二级 |
| 11 | 民主街 53 号民居 | 四川省宜宾市叙州区横江镇正义社区 | 二级 |
| 12 | 朱家民居 | 四川省宜宾市叙州区横江镇民主社区 | 四级 |
| 13 | 金盆民居 | 四川省宜宾市叙州区蕨溪镇顶仙村 | 四级 |
| 14 | 苏氏民居 | 四川省宜宾市屏山县书楼镇书楼社区 | 三级 |
| 15 | 徐家坪新农村民居 | 四川省宜宾市锦屏镇朝阳村 | 二级 |
| 16 | 茶林村凡沙湾古民居 | 四川省宜宾市长宁县古河镇茶林村 | 一级 |
| 17 | 蜀南民居 | 四川省宜宾市长宁县老翁镇柳村 | 三级 |
| 18 | 黑松林民居 | 四川省宜宾市江安县江安镇红岩村 6 组 | 三级 |
| 19 | 桂花庄民居 | 四川省宜宾市江安县江安镇红岩村 8 组 | 三级 |
| 20 | 凤麟�民居 | 四川省宜宾市江安县江安镇红岩村 6 组 | 三级 |
| 21 | 罗家堰民居 | 四川省宜宾市江安县江安镇红岩村 3 组 | 三级 |
| 22 | 底洞镇川南民居群 | 四川省宜宾市珙县底洞镇石洪村 | 一级 |
| 23 | 茶林村牛栏洞古民居 | 四川省宜宾市长宁县古河镇茶林村 | 一级 |
| 24 | 金堆子民居 | 四川省宜宾市南溪区江南镇白塔村 2 组 | 一级 |
| 25 | 八卦民居 | 四川省宜宾市南溪区内江南镇大湾村 12 组 | 三级 |
| 26 | 尹家祠民居 | 四川省宜宾市叙州区南广镇五一村 | 一级 |
| 27 | 南江街尚家民居 | 四川省宜宾市叙州区南广镇陈塘关社区 | 二级 |

表3.1（续）

| 序号 | 资源名称 | 行政位置 | 资源等级 |
|---|---|---|---|
| 28 | 南江街30号民居 | 四川省宜宾市叙州区南广镇陈塘关社区 | 二级 |
| 29 | 南广镇兴隆15号民居（朱家民居） | 四川省宜宾市叙州区南广镇陈塘关社区 | 二级 |
| 30 | 青杠园民居 | 四川省宜宾市叙州区高场镇青陈村 | 二级 |
| 31 | 祥湾民居（顽伯山居） | 四川省宜宾市叙州区樟海镇祥湾村 | 三级 |
| 32 | 清水塘民居 | 四川省宜宾市叙州区樟海镇仙马村 | 一级 |
| 33 | 李子坪民居 | 四川省宜宾市叙州区樟海镇金坪村 | 一级 |
| 34 | 土地冲民居 | 四川省宜宾市叙州区樟海镇龙川村 | 一级 |
| 35 | 顺河街37号民居 | 四川省宜宾市叙州区泥溪镇金华社区 | 二级 |
| 36 | 顺河街33号民居 | 四川省宜宾市叙州区泥溪镇金华社区 | 二级 |
| 37 | 上正街143号民居 | 四川省宜宾市叙州区泥溪镇金华社区 | 二级 |
| 38 | 上正街123号民居 | 四川省宜宾市叙州区泥溪镇金华社区 | 二级 |
| 39 | 上正街114号民居 | 四川省宜宾市叙州区泥溪镇金华社区 | 二级 |
| 40 | 青杠林民居 | 四川省宜宾市叙州区高场镇青云社区 | 二级 |
| 41 | 凤凰咀民居 | 四川省宜宾市叙州区柳嘉镇律阳村 | 二级 |
| 42 | 乌龟石民居 | 四川省宜宾市叙州区柳嘉镇学习村 | 二级 |
| 43 | 三担沟民居 | 四川省宜宾市叙州区柳嘉镇五通村 | 二级 |
| 44 | 高嘴村中�民居 | 四川省宜宾市叙州区合什镇高嘴村 | 二级 |
| 45 | 万里村四方井民居 | 四川省宜宾市叙州区合什镇万里村 | 二级 |
| 46 | 新房子民居 | 四川省宜宾市叙州区观音镇古罗村 | 一级 |
| 47 | 万菁街81号民居 | 四川省宜宾市叙州区观音镇万菁社区 | 二级 |
| 48 | 万菁街66号民居 | 四川省宜宾市叙州区观音镇万菁社区 | 二级 |
| 49 | 万菁街3号民居 | 四川省宜宾市叙州区观音镇万菁社区 | 二级 |
| 50 | 万菁街21号民居 | 四川省宜宾市叙州区观音镇万菁社区 | 二级 |
| 51 | 上丁高民居 | 四川省宜宾市叙州区高场镇东升村 | 一级 |
| 52 | 村子头民居 | 四川省宜宾市叙州区蕨溪镇政权村 | 二级 |
| 53 | 张家嘴民居 | 四川省宜宾市叙州区蕨溪镇蕨南村 | 一级 |
| 54 | 左家沟民居 | 四川省宜宾市叙州区蕨溪镇后坝村 | 一级 |

表3.1（续）

| 序号 | 资源名称 | 行政位置 | 资源等级 |
| --- | --- | --- | --- |
| 55 | 南江街34号民居 | 四川省宜宾市叙州区南广镇陈塘关社区 | 二级 |
| 56 | 后坝山壁下古民居 | 四川省宜宾市叙州区蕨溪镇后坝村 | 一级 |
| 57 | 吴氏民居 | 四川省宜宾市江安县江安镇二社区汉安组 | 三级 |
| 58 | 柏杨湾民居 | 四川省宜宾市江安县留耕镇新场村白杨湾组 | 三级 |
| 59 | 夕佳山民居 | 四川省宜宾市江安县夕佳山镇坝上村 | 五级 |
| 60 | 大石坳萧氏民居 | 四川省宜宾市江安县夕佳山镇五里村石板田组 | 一级 |
| 61 | 青堂溪古民居 | 四川省宜宾市江安县下长镇淯江村 | 三级 |
| 62 | 羊石坝民居 | 四川省宜宾市江安县仁和镇鹿鸣村鹿鸣组 | 三级 |
| 63 | 水井坎古民居 | 四川省宜宾市江安县四面山镇新华村水井坎组 | 一级 |
| 64 | 九柱房民居 | 四川省宜宾市江安县四面山镇瓦窑村九桩房组 | 三级 |
| 65 | 大村村古民居 | 四川省宜宾市长宁县铜鼓镇大村村 | 一级 |
| 66 | 干湾子古民居 | 四川省宜宾市高县月江镇三胜村4组 | 二级 |
| 67 | 桐子湾古民居 | 四川省宜宾市高县月江镇三胜村4组 | 二级 |
| 68 | 碾子坳民居 | 四川省宜宾市高县来复镇大山村 | 二级 |
| 69 | 碟子坳民居 | 四川省宜宾市高县来复镇大山村2组 | 三级 |
| 70 | 碾子坳古民居 | 四川省宜宾市高县来复镇大山村2组 | 二级 |
| 71 | 付骆氏民居 | 四川省宜宾市屏山县书楼镇书楼社区马湖府古城 | 三级 |
| 72 | 七叔嘴古民居 | 四川省宜宾市高县可久镇高岭村 | 三级 |
| 73 | 祠堂湾古民居 | 四川省宜宾市高县可久镇高岭村 | 三级 |
| 74 | 高岭民居 | 四川省宜宾市高县可久镇高岭村茶坪组 | 三级 |
| 75 | 川南民居活化石“王氏民居” | 四川省宜宾市高县可久镇高岭村 | 三级 |
| 76 | 一把伞庄园（王氏民居组成部分） | 四川省宜宾市高县可久镇高岭村 | 三级 |
| 77 | 王氏民居 | 屏山县书楼镇书楼社区马湖府古城 | 三级 |
| 78 | 权、赖、谭氏民居 | 屏山县书楼镇书楼社区马湖府古城 | 三级 |
| 79 | 周谢氏民居 | 四川省宜宾市屏山县书楼镇书楼社区 | 三级 |
| 80 | 顺河街27号民居 | 四川省宜宾市屏山县龙华镇汇龙社区 | 三级 |

表3.1(续)

| 序号 | 资源名称 | 行政位置 | 资源等级 |
| --- | --- | --- | --- |
| 81 | 正街民居 | 四川省宜宾市屏山县龙华镇汇龙社区 | 三级 |
| 82 | 韩氏民居 | 四川省宜宾市屏山县书楼镇书楼社区 | 三级 |
| 83 | 廖氏民居 | 四川省宜宾市屏山县中都镇雪花村 2 组 | 一级 |
| 84 | 坪寨民居 | 四川省宜宾市屏山县中都镇雪花村 2 组 | 一级 |
| 85 | 嘴上民居 | 四川省宜宾市翠屏区李端镇其林村 1 组 | 一级 |
| 86 | 和平 14 号民居 | 四川省宜宾市大乘镇和平社区 | 一级 |
| 87 | 和平街 11 号民居 | 四川省宜宾市大乘镇和平社区 | 一级 |
| 88 | 胜利街 9 号民居 | 四川省宜宾市大乘镇和平社区 | 一级 |
| 89 | 井阳湾民居 | 四川省宜宾市翠屏区白花镇碾子村岩湾组 | 一级 |
| 90 | 毗卢场民居 | 四川省宜宾市翠屏区李端镇翠南社区 | 一级 |
| 91 | 湾头民居 | 四川省宜宾市翠屏区李庄镇长庆村 1 组 | 二级 |
| 92 | 正街 9 号民居 | 四川省宜宾市翠屏区李庄镇同济社区 | 二级 |
| 93 | 老场街 38 号民居 | 四川省宜宾市翠屏区李庄镇同济社区老场街 | 二级 |
| 94 | 老场街 1 号民居 | 四川省宜宾市翠屏区李庄镇同济社区老场街 | 二级 |
| 95 | 龚家民居 | 四川省宜宾市兴文县九丝城镇龙泉村 | 二级 |
| 96 | 席子巷古民居群 | 四川省宜宾市翠屏区李庄镇同济社区 | 三级 |
| 97 | 羊街古民居群 | 四川省宜宾市翠屏区李庄镇同济社区 | 三级 |
| 98 | 巧圣巷民居 | 四川省宜宾市翠屏区李庄镇奎星社区 | 二级 |
| 99 | 碾子扁民居 | 四川省宜宾市菜坝镇绿园社区 | 二级 |
| 100 | 张家岭民居 | 四川省宜宾市翠屏区金秋湖镇白云村白岭组 | 二级 |
| 101 | 文书巷民居 | 四川省宜宾市翠屏区金秋湖镇大同社区 | 二级 |
| 102 | 龙泉溪民居 | 四川省宜宾市翠屏区李端镇方碑村 1 组 | 二级 |
| 103 | 肖家堰民居 | 四川省宜宾市翠屏区永兴镇高寺村农光组 | 二级 |
| 104 | 石塔里民居 | 四川省宜宾市翠屏区牟坪镇龙兴村 1 社 | 二级 |
| 105 | 柏杨湾民居 | 四川省宜宾市翠屏区牟坪镇龙兴村 3 社 | 二级 |
| 106 | 坪阳村川南传统民居 | 四川省宜宾市筠连县筠连镇坪阳村 | 一级 |
| 107 | 小寨特色民居村落 | 四川省宜宾市筠连县蒿坝镇高桥村 | 三级 |

表3.1(续)

| 序号 | 资源名称 | 行政位置 | 资源等级 |
| --- | --- | --- | --- |
| 108 | 竹林头民居 | 四川省宜宾市筠连县大雪山镇四景村 | 一级 |
| 109 | 革新村特色民居 | 四川省宜宾市筠连县联合苗族乡革新村 | 一级 |
| 110 | 老团林民居 | 四川省宜宾市筠连县团林苗族乡华新村 | 一级 |
| 111 | 岩头上民居 | 四川省宜宾市筠连县团林苗族乡华新村 | 一级 |
| 112 | 长房子民居 | 四川省宜宾市兴文县五星镇民心村4组 | 二级 |
| 113 | 民居庄园 | 四川省宜宾市兴文县僰王山镇博望村 | 一级 |

资料来源：根据宜宾市文化广播电视和旅游局、宜宾市住房和城乡建设局的相关资料整理获得。下同。

## 二、被列入各级文物保护单位的乡土民居

被列入各级文物保护单位的乡土民居统计情况见表3.2。

**表3.2　被列入各级文物保护单位的乡土民居统计情况**

| 序号 | 名称 | 年代 | 级别 | 类别 | 地址 |
| --- | --- | --- | --- | --- | --- |
| 1 | 麦天官邸 | 清代 | 区保 | 古建筑 | 四川省宜宾市翠屏区李庄镇长虹村五组，距长江右岸约700米处 |
| 2 | 中国营造学社李庄旧址 | 1940年 | 国保 | 近现代重要史迹及代表性建筑 | 四川省宜宾市翠屏区李庄镇上坝村1组月亮田 |
| 3 | 抗战时期同济大学西迁李庄旧址群(李庄祖师殿) | 清代 | 省保 | 古建筑 | 四川省宜宾市翠屏区李庄镇同济社区老场街29号 |
| 4 | 李庄禹王宫 | 清道光十一年(1831年) | 省保 | 古建筑 | 四川省宜宾市翠屏区李庄镇同济社区顺河街 |
| 5 | 张家祠 | 清道光十九年(1839年) | 省保 | 古建筑 | 四川省宜宾市翠屏区李庄镇同济社区顺河街 |
| 6 | 李庄东岳庙 | 清道光七年(1827年) | 省保 | 古建筑 | 四川省宜宾市翠屏区李庄镇同济社区顺河街119号 |

表3.2（续）

| 序号 | 名称 | 年代 | 级别 | 类别 | 地址 |
| --- | --- | --- | --- | --- | --- |
| 7 | 李济宅 | 1940年 | 区保 | 近现代重要史迹及代表性建筑 | 四川省宜宾市翠屏区李庄镇同济社区羊街13号 |
| 8 | 羊街刘家院子 | 清代 | 区保 | 古建筑 | 四川省宜宾市翠屏区李庄镇同济社区羊街1号 |
| 9 | 胡家院 | 清代 | 区保 | 古建筑 | 四川省宜宾市翠屏区李庄镇同济社区羊街5号 |
| 10 | 天上宫 | 清道光二十五年（1845年） | 市保 | 古建筑 | 四川省宜宾市翠屏区李庄镇奎星社区线子市街32号 |
| 11 | “中央研究院”旧址（“中央研究院”社会科学研究所李庄旧址） | 1940年 | 省保 | 近现代重要史迹及代表性建筑 | 四川省宜宾市翠屏区李庄镇长胜村1组 |
| 12 | 旋螺殿 | 明万历二十四年（1596年） | 国保 | 古建筑 | 四川省宜宾市翠屏区李庄镇长胜村1组 |
| 13 | 玄义玫瑰教堂 | 清代 | 省保 | 近现代重要史迹及代表性建筑 | 四川省宜宾市翠屏区沙坪街道办事处火花社区 |
| 14 | 川南农民运动指挥部旧址 | 1929年 | 市保 | 近现代重要史迹及代表性建筑 | 四川省宜宾市翠屏区牟坪镇牟坪社区禹王街 |
| 15 | 赵一曼故居 | 1905年 | 省保 | 近现代重要史迹及代表性建筑 | 四川省宜宾市翠屏区白花镇一曼村一曼组 |
| 16 | 刘荡之故居 | 清光绪二十六年（1900年） | 区保 | 近现代重要史迹及代表性建筑 | 四川省宜宾市翠屏区双谊乡明光村明光组 |
| 17 | 南华宫 | 清代 | 市保 | 古建筑 | 四川省宜宾市叙州区柏溪街道办事处（原喜捷镇）喜捷镇社区 |
| 18 | 下食堂徐家祠堂 | 清代 | 区保 | 古建筑 | 四川省宜宾市叙州区柏溪街道办事处（原喜捷镇）红楼梦社区 |

表3.2(续)

| 序号 | 名称 | 年代 | 级别 | 类别 | 地址 |
|---|---|---|---|---|---|
| 19 | 炳昌祥商号 | 清代 | 区保 | 古建筑 | 四川省宜宾市叙州区横江镇民主社区小街52号 |
| 20 | 朱家宅 | 20世纪初 | 省保 | 近现代重要史迹及代表性建筑 | 四川省宜宾市叙州区横江镇民主社区小街64号 |
| 21 | 肖公馆 | 1924年 | 省保 | 近现代重要史迹及代表性建筑 | 四川省宜宾市叙州区横江镇正义社区商业街 |
| 22 | 杨家大院 | 清代 | 区保 | 古建筑 | 四川省宜宾市叙州区横江镇正义社区正义街90号 |
| 23 | 周家大院 | 清代 | 区保 | 古建筑 | 四川省宜宾市叙州区横江镇正义社区正义街107号 |
| 24 | 金盆民居 | 清代 | 市保 | 古建筑 | 四川省宜宾市叙州区蕨溪镇顶仙村金平组 |
| 25 | 祥湾民居 | 1928年 | 区保 | 近现代重要史迹及代表性建筑 | 四川省宜宾市叙州区樟海镇(原李场镇)祥湾村保卫组 |
| 26 | 郑佑之宅 | 清代 | 区保 | 古建筑 | 四川省宜宾市叙州区观音镇(原古罗镇)同力村化匠组 |
| 27 | 曾家民居 | 清代 | 区保 | 古建筑 | 四川省宜宾市叙州区横江镇(原复龙镇)西牛村石板组 |
| 28 | 唐君毅故居 | 1909年 | 市保 | 近现代重要史迹及代表性建筑 | 四川省宜宾市叙州区赵场街道办事处(原普安乡)周坝村7组 |
| 29 | 百岁坊 | 清同治十年(1871年) | 市保 | 古建筑 | 四川省宜宾市叙州区赵场街道办事处幸福村薛家组 |
| 30 | 南溪朱德旧居 | 1917年 | 省保 | 近现代重要史迹及代表性建筑 | 四川省宜宾市南溪区南溪街道(原南溪镇)紫云社区官仓街103号 |
| 31 | 张家祠堂 | 清代 | 县保 | 古建筑 | 四川省宜宾市南溪区南溪街道(原南溪镇)南门社区顺河街 |
| 32 | 张文湘宅 | 1975年 | 市保 | 近现代重要史迹及代表性建筑 | 四川省宜宾市江安县怡乐镇茨岩村湾头组 |

表3.2(续)

| 序号 | 名称 | 年代 | 级别 | 类别 | 地址 |
| --- | --- | --- | --- | --- | --- |
| 33 | 夕佳山民居 | 明清时代 | 国保 | 古建筑 | 四川省宜宾市江安县夕佳山镇坝上村祠堂头组 |
| 34 | 鹿鸣王家大院 | 清代 | 县保 | 古建筑 | 四川省宜宾市江安县仁和镇（原仁和乡）鹿鸣村鹿鸣组 |
| 35 | 中共川南特委会议会址（余泽鸿故居） | 1903年 | 省保 | 近现代重要史迹及代表性建筑 | 四川省宜宾市长宁县梅硐镇泽鸿村1组 |
| 36 | 中共川南特委会议会址（红军川南游击纵队军事会议会址、余家祠堂） | 1935年 | 省保 | 近现代重要史迹及代表性建筑 | 四川省宜宾市长宁县梅硐镇镇坪村11组 |
| 37 | 李硕勋故居 | 1903年 | 省保 | 近现代重要史迹及代表性建筑 | 四川省宜宾市高县庆符镇庆山社区 |
| 38 | 阳翰笙故居 | 1902年 | 省保 | 近现代重要史迹及代表性建筑 | 四川省宜宾市高县罗场镇南华社区 |
| 39 | 高岭民居 | 清代 | 市保 | 古建筑 | 四川省宜宾市高县可久镇高岭村茶坪组 |
| 40 | 马湖府城 | 明清时代 | 市保 | 古建筑 | 四川省宜宾市屏山县锦屏镇东、西、南、北城社区 |
| 41 | 民主街凌氏宅（凌氏家祠） | 清代 | 县保 | 古建筑 | 四川省宜宾市屏山县中都镇民主街23号、25号 |
| 42 | 乡场街凌氏宅 | 清代 | 县保 | 古建筑 | 四川省宜宾市屏山县楼东乡田坝村乡场街 |
| 43 | 场镇凌氏宅 | 清代 | 县保 | 古建筑 | 四川省宜宾市屏山县楼东乡田坝村11组 |
| 44 | 员外府 | 清代 | 县保 | 古建筑 | 四川省宜宾市屏山县楼东乡街 |
| 45 | 万寿宫牌楼 | 清代 | 县保 | 古建筑 | 四川省宜宾市屏山县楼东乡街 |
| 46 | 凌氏商号 | 清代 | 县保 | 古建筑 | 四川省宜宾市屏山县楼东乡街 |

## 三、被列入历史建筑的乡土民居

被列入历史建筑的乡土民居统计情况见表 3.3。

表 3.3 被列入历史建筑的乡土民居统计情况

| 序号 | 名称 | 年代 | 地址 |
| --- | --- | --- | --- |
| 1 | 席子巷 | 清代 | 宜宾市翠屏区李庄镇 |
| 2 | 老场街 1、3、5、6、8、13、17、24 号民居 | 清代 | 宜宾市翠屏区李庄镇老场街 |
| 3 | 老场街 30、32、34、36 号商铺 | 清代 | 宜宾市翠屏区李庄镇老场街 |
| 4 | 老场街 38、40、42、44、47、46、48 号民居 | 清代 | 宜宾市翠屏区李庄镇老场街 |
| 5 | 羊街文昌宫 | 清代 | 宜宾市翠屏区李庄镇羊街 |
| 6 | 南广老桥 | 中华人民共和国成立初期 | 宜宾市叙州区南广镇 |
| 7 | 南江街 26 号民居 | 民国时期 | 宜宾市叙州区南广镇南江街 |
| 8 | 南广搬运站旧址 | 中华人民共和国成立初期 | 宜宾市叙州区南广镇南江街 |
| 9 | 南江街 5 号民宅 | 中华人民共和国成立初期 | 宜宾市叙州区南广镇南江街 |
| 10 | 刘祖芳民宅 | 清代 | 宜宾市叙州区南广镇顺江街 |
| 11 | 南江街 34 号民宅 | 清代 | 宜宾市叙州区南广镇南江街 |
| 12 | 南江街 30 号民宅 | 清代 | 宜宾市叙州区南广镇南江街 |
| 13 | 尚家民宅 | 清代 | 宜宾市叙州区南广镇南江街 |
| 14 | 寿华街民居外墙 | 清代 | 宜宾市南溪区南溪街道寿华街 |
| 15 | 复兴街烽火墙 | 清代 | 宜宾市南溪区南溪街道复兴街 |
| 16 | 水池街四合院 | 清代 | 宜宾市南溪区水池街 |
| 17 | 官仓街 7、9、13、15 号民居院落 | 20 世纪 60 年代 | 宜宾市南溪区南溪街道官仓街 |
| 18 | 官仓街 52 ~ 58 号民居院落 | 20 世纪 60 年代 | 宜宾市南溪区南溪街道官仓街 |

表3.3(续)

| 序号 | 名称 | 年代 | 地址 |
|---|---|---|---|
| 19 | 西大街1号民居建筑 | 20世纪<br>60年代 | 宜宾市南溪区西大街 |
| 20 | 渡卢街老宅 | 1644—1911年 | 渡卢街 |
| 21 | 杨鼎和故居 | 1644—1911年 | 桂香街 |
| 22 | 水沟头老宅 | 1644—1911年 | 水沟头 |
| 23 | 吕家大院 | 1644—1911年 | 桂花街西北 |
| 24 | 黄家院子 | 1644—1911年 | 桂花街 |
| 25 | 杨家大院 | 1644—1911年 | 夕佳山镇五里村回龙嘴 |
| 26 | 熊家大院 | 1912—1949年 | 夕佳山镇五里村 |
| 27 | 又贤学校 | 1912—1949年 | 仁和镇仁义村 |
| 28 | 钱园 | 1644—1911年 | 仁和镇鹿鸣村羊石坝 |
| 29 | 新窝头大院 | 1644—1911年 | 江安镇红岩村8组 |
| 30 | 杨家冲大院 | 1912—1949年 | 江安镇红岩村6组 |

## 四、历史文化名镇

历史文化名镇统计情况见表3.4。

**表3.4 历史文化名镇统计情况**

| 类型 | 级别 | 数量/个 | 名称 | 公布批次 | 公布时间 |
|---|---|---|---|---|---|
| 历史文化名镇 | 中国历史文化名镇 | 3 | 翠屏区李庄镇 | 第二批 | 2005年9月 |
| | | | 屏山县龙华镇 | 第五批 | 2010年7月 |
| | | | 叙州区横江镇 | 第六批 | 2014年2月 |
| | 省级历史文化名镇 | 5 | 翠屏区李庄镇、屏山县龙华镇、叙州区横江镇、长宁县双河镇、江安县夕佳山镇 | 第五批 | 2013年9月 |

## 五、传统村落

### （一）中国传统村落

五里村地处宜宾市江安县夕佳山镇南端，主要兴起于清道光年间，拥有众多传统建筑。杨家大院、熊家大院、油房头民居、沙滩坝民居众多传统乡土建筑分布于五里村。五里村的自然风光秀美，是第一批列入中国传统村落名录的村庄。

金钟村位于宜宾市叙州区横江镇南部，紧邻省级森林公园石城山。村内有古民居卢家大院、李家大院，县级文物保护单位石城山古栈道等文物古迹。金钟村前临关河（横江河），后靠避暑胜地石城山，因村落中心处一山坡外形神似“金钟”而得名。金钟村是互三批国家级传统村落。

五道河村位于宜宾市筠连县大雪山镇，具有 300 多年历史。五道河村有多样的生态环境，村落布局错落有致，传统民居建筑群和川南农耕文化使之独具风韵。五道河村是第三批国家级传统村落。

马家村位于宜宾市筠连县镇舟镇，具有苗汉交融的深厚底蕴。马家村因苗汉通婚混居，形成语言相通、文化相融的文化环境，当地民居也兼具苗汉建筑的风格。马家村是第三批国家级传统村落。

横江镇民主社区位于国家级历史文化名镇横江古镇核心区，地处省级森林公园石城山下，关河（横江河）江畔。区域内景观完好，民俗文化、商贸文化、战争文化底蕴深厚，拥有省级、县级文物保护单位数处；有川南风格民居 20 余处，大型四合院 10 余处，是川南民居建筑保存完好的古村落。民主社区早在秦汉即已开发，是五尺道的节点之一，历史上是南方丝绸之路的必经之地。民主社区是第四批国家级传统村落。

汇龙社区位于宜宾市屏山县龙华镇，社区前身为龙华街村，始建于五代时期，是有 1 000 多年历史的古村落，拥有明清古建筑群和独具特色的乡土气息。佛教文化、道家文化、天主教文化、儒家文化、移民文化、军事文化、三国文化、红色文化交织而成的深厚文化底蕴，使得汇龙社区独具风韵。汇龙社区是第四批国家级传统村落。

坝上村位于宜宾市江安县夕佳山镇，始建于明万历四十年（1612 年），是拥有 400 多年历史的古村落。坝上村既有良好的生态环境，又有厚重的文化底蕴；深深植根于中国传统文化中的夕佳山民居建筑群和错落有致的四合院，使之独具风韵。坝上村是第四批国家级传统村落。

顶仙村位于宜宾市叙州区蕨溪镇西北部，集古屋、古庙、古寨、古墙、古堡、古井、古龛、古树等古风、古韵于一体，历史悠久、文化厚重、人杰地灵，是拥有丰富的自然资源和历史文化资源的传统村落，其中金盆民居古建筑群是顶仙村历史文化的重要体现。顶仙村是第五批国家级传统村落。

鹿鸣村位于宜宾市江安县仁和乡东部，村名源自《诗经·小雅·鹿鸣》中的“呦呦鹿鸣，食野之苹”一句。鹿鸣村有保存完好的川南传统民居 30 余处。村落与民居的选址，兼具了实用功能和传统方位的选择理念，民居错落有致，与溪流淙淙、翠竹群山融为一体。鹿鸣村是第五批国家级传统村落。

安和村位于宜宾市高县胜天镇北部，是川南地区传统村落的典型代表（见图 3.7）。安和村保留了众多传统乡土民居，民居就地取材，背山而建，以红石砌墙、青瓦覆顶。其中，流米民居是村落里最能体现地方乡土特色的建筑，建造技艺精湛。安和村是第六批国家级传统村落。

图 3.7　传统村落安和村

（二）四川传统村落

2023 年 4 月，经各地申报，专家审查并通过公示，四川省人民政府公布了四川省首批传统村落，其中宜宾市共有 46 个村落列入该名录（见表 3.5）。

**表 3.5　宜宾市传统村落统计情况**

| 区（县） | 村落 |
|---|---|
| 翠屏区 | 1. 李庄镇永胜村<br>2. 李庄镇长虹村<br>3. 李庄镇奎星社区<br>4. 李庄镇同济社区<br>5. 金秋湖镇白塔村<br>6. 白花镇一曼村<br>7. 双城街道鱼介村<br>8. 双城街道天宫村 |
| 南溪区 | 9. 刘家镇开元村<br>10. 江南镇登高村<br>11. 江南镇大湾村<br>12. 江南镇和平村<br>13. 大观镇牟家村<br>14. 大观镇田坝村<br>15. 裴石镇中坝社区 |
| 叙州区 | 16. 蕨溪镇顶仙村<br>17. 横江镇金钟村<br>18. 横江镇民主社区<br>19. 横江镇石城村<br>20. 凤仪乡民族村 |
| 江安县 | 21. 江安镇红岩社区村<br>22. 夕佳山镇五里村<br>23. 夕佳山镇坝上村<br>24. 仁和镇鹿鸣村 |
| 高县 | 25. 高县胜天镇安和村 |

表3.5(续)

| 区（县） | 村落 |
| --- | --- |
| 筠连县 | 26. 筠连镇川丰村<br>27. 筠连镇木映村<br>28. 巡司镇共和村<br>29. 巡司镇红星村<br>30. 镇舟镇马家村<br>31. 大雪山镇五道河村<br>32. 大雪山镇四景村<br>33. 丰乐乡龙塘村 |
| 珙县 | 34. 珙泉镇鱼竹村<br>35. 罗渡苗族乡王武寨村<br>36. 沐滩镇同乐村<br>37. 上罗镇汪家村<br>38. 上罗镇团胜村<br>39. 上罗镇新龙村<br>40. 王家镇柏杨村<br>41. 孝儿镇天堂村 |
| 兴文县 | 42. 大坝苗族乡小寨村<br>43. 大河苗族乡金鹅池社区<br>44. 九丝城镇建武村 |
| 屏山县 | 45. 大乘镇岩门村<br>46. 龙华镇汇龙社区 |

## 六、名人故居

### （一）梁林旧居

梁林旧居，即中国营造学社旧址，位于宜宾市翠屏区李庄镇上坝村月亮田。中国营造学社旧址原为张家大院。张家大院建于清代同治年间。梁林旧居为两个相连的小院，是一处典型的川南民居风格的四合院式建筑群（见图3.8），占地面积1 480平方米，建筑面积349平方米。2006年，中国营造学社旧址被列为全国重点文物保护单位。2016年9月，梁林旧居入选首批中国 20 世纪建筑遗产名录。

图 3.8　梁林旧居（中国营造学社旧址）

（二）赵一曼故居

赵一曼故居位于宜宾市翠屏区白花镇一曼村一曼组柏杨嘴，占地面积 600 平方米，坐北向南。赵一曼故居为抗日民族女英雄赵一曼出生、成长地，原为四合院，现存后堂 3 间，土木结构小青瓦屋面，悬山式顶。2002 年 12 月 26 日，赵一曼故居被四川省人民政府确定为省级文物保护单位。

（三）李硕勋故居

李硕勋故居位于宜宾市高县庆符镇，属于清末川南民居。李硕勋故居占地面积 464.60 平方米，房屋建筑面积 238.50 平方米。李硕勋故居为中式串架木结构小青瓦平房，有李硕勋烈士生前的居室、书房及赵君陶、李鹏母子住过的卧室等共 11 间。李硕勋在这里度过了他的少年时代。

（四）余泽鸿故居

余泽鸿故居位于宜宾市长宁县梅硐镇泽鸿村 2 组、小地名“大窝沱”的半山腰上。余泽鸿故居古朴典雅，为典型川南民居风格，有 200 多年的历史，房屋建筑面积约 500 平方米，泥木结构瓦房 21 间，四面环山、竹林茂密。2005 年，余泽鸿故居被长宁县人民政府确定为县级文物保护单位。

（五）郑佑之故居

郑佑之故居位于宜宾市叙州区古罗镇同力村化匠组，小地名“化匠嘴”。郑佑之故居的建筑占地面积 270 平方米，为清末时期的地主庄园式建筑，为典型的川南民居风格。郑佑之故居距宜宾市叙州区区人民政府所在地柏溪镇 90 千米，距离郑佑之烈士墓 4 千米。1989 年，郑佑之故居被原宜宾县人民政府确定为县级文物保护单位。

### （六）罗哲文故居

罗哲文故居位于宜宾市叙州区柳嘉镇五通村向阳组余家坰，属清末民居。罗哲文故居主体建筑原为三合院，坐西向东，南厢房后有附院，占地面积约800平方米。罗哲文故居为穿斗式梁架，下部装板壁饰花窗，上部为竹篾骨泥巴墙，厢房隔墙后段和后壁为夯土墙，小青瓦屋面。2019年，罗哲文故居被四川省人民政府确定为省级文物保护单位。

### （七）阳翰笙故居

阳翰笙故居位于宜宾市高县罗场镇南华街，建于清乾隆年间，总占地面积1 163平方米，由主体房、院坝、后花园组成。阳翰笙故居主体房屋建筑呈三合头院落形式，坐北朝南，房屋建筑面积319平方米。正房为悬山式布瓦穿斗结构建筑，面阔三间12. 5米，深两间7. 3米，中间是堂屋，左右次间为四间寝室（有阁楼）。大门为双开四抹隔扇门，属典型川南民居。

### （八）唐君毅故居

唐君毅故居位于宜宾市叙州区赵场街道周坝村。唐君毅故居有老屋两处：一处在水槽头，为四合院平房，正房东室即唐君毅先生出生地；另一处在约300米外的祖屋，系两进四合院，由唐君毅自幼过继的大伯拥有。这两处老屋均为清代建筑，保留了基本布局样貌，但损坏较为严重。

### （九）张文湘旧居

张文湘旧居位于宜宾市江安县怡乐镇茨岩村湾头组绿豆坡。张文湘旧居坐西南向东北，占地面积138平方米。被誉为“中国夏橙之父”的张文湘在此居住直到1996年去世。

### （十）杨鼎和故居

杨鼎和故居位于宜宾市江安县江安镇桂香街与西街交叉口处，建于清代早期，占地面积849平方米，坐北朝南，平面组合四合院式三进四合院，总体建筑保存较为完整。院内有一口古井清澈透明，井水清冽甘甜，水质优良，至今仍在使用。

## 七、部分典型乡土民居、村落、场镇

### （一）传统乡土民居

1. 夕佳山民居

夕佳山民居位于宜宾市江安县夕佳山镇，系全国重点文物保护单位、国家 AAAA 级风景区，距蜀南竹海 20 千米，距兴文石海 50 千米。夕佳山民居是一座典型的川南封建地主庄园，是自给自足的封建自然经济的产物和实物佐证。夕佳山民居为悬山穿斗式木质小青瓦结构，占地面积为 102.7 亩，房屋建筑面积为 5 146 平方米，始建于明万历四十年（公元 1612 年），其历史文化悠久、保存完好，在川南乃至全国都极为罕见，民居的形成发展史是明末以来四川民间的一部社会史、风俗史。夕佳山民居在整体上，布局严谨，开合有序，主次分明，其规划布局着实匠心独运。夕佳山民居造型之优美、装饰制作工艺之精巧、色彩运用之协调和园林美学之考究，都展示了极高的艺术价值（见图 3.9）。

图 3.9　夕佳山民居

夕佳山民居建造在川南的一座小山丘之上，四周层层浅丘，山峦叠翠，远山含秀，视野开阔。粉墙黛瓦的民居掩映于林荫之中，与自然风光融为一体。其建筑规模、建筑布局和建筑装饰等都反映了当时四川民间较高的建筑技术水平和封闭的封建经济状况。夕佳山民居的相地、立基、屋宇、装拆、色彩、门窗、墙垣、铺地、掇山、选石借景等建筑的每一个部分，都体现出川南人民的生活习俗、宗教信仰和等级观念。

2. 朱家民居

朱家民居位于宜宾市叙州区横江镇民主社区，为民国初年横江当地名门望族朱光德与其子朱大文的住宅（见图 3.10）。

**图 3.10　朱家民居**

朱家民居始建于 20 世纪 30 年代初期，房屋建筑面积为 1 333 平方米，占地面积为 2 460 平方米。整座民居依地势回环分布，由主楼、碉楼、庭院等组成，具有中西合璧之特色——主体为仿洋楼建筑，建筑面积约为 600 平方米，其中既有中式的天井卧室，也有西式的会客厅，体现了主人中西方文明兼收并蓄的思想。朱家民居主体建筑仿西式，一楼一底，砖木结构，有过厅、客房、正厅、居室，为油漆地板。楼后隔天井为厨房、杂物仓，右前方为印子楼，青瓦屋面，下段青石砌墙，上段为实砌砖墙，墙之四方辟有射击孔。1935 年，朱大文托人从上海购回原料，次年在主楼下侧建有一口沼气池。主楼前有两株合抱大的黄桷兰树。整座民居集中、西建筑风格于一体，尤具民国时期的建筑风格特点，呈四合院布局，坐西向东，由图书楼、碉楼、前堂、后堂、左右厢房组成。

3. 龙氏山庄

龙氏山庄位于宜宾市屏山县大乘镇岩门村，距今已有 180 余年历史，占地面积为 5 000 平方米，房屋建筑面积为 3 750 平方米，是一座典型的碉楼民居（见图 3.11）。龙氏在康熙年间随“湖广填四川”大流入川，最后落户屏山。龙氏山庄碉楼与墙连接形成围合防卫体系，这种模式是四川客家民居中既继承古老防御意识又融入湖广两省木构庭院的结合体，坐西向东，呈“品”字形，由六个四合院组成，依山势而建，呈阶梯式分布。2019 年，屏山龙氏山庄入选第八批全国重点文物保护单位名单。

图 3.11　龙氏山庄

4. 栗峰山庄

栗峰山庄位于宜宾市李庄镇西南处，小地名“板栗坳”，坐西向东，占地面积约为 10 000 平方米，房屋建筑面积约为 7 000 平方米，是一座规模宏大的典型的川南民居大宅院（见图 3.12）。著名的古建筑学家梁思成将栗峰山庄作为川南民居的经典收入自己的扛鼎之作《中国建筑史》一书中，除文字与照片以外，还绘有一幅平面建筑图，为后来修复栗峰山庄提供了依据。抗战时期，“中央研究院”历史语言研究所和北大文科研究所等曾迁于此处。

图 3.12　栗峰山庄后门

刘敦桢在《中国住宅概说——传统民居》一书中是这样描述栗峰山庄的：栗峰山庄系四川南溪区地主住宅，建于清代中叶。此宅依山建造，因地形关系进深较浅而面阔较大。大门东向，沿着石台建第一进下厅房 9 间。次为进深很浅的院子。再进为正房 5 间，加两端转角房共计 7 间，而祖堂位于中央明间。以上部分依中轴线向左、右布置，完全均衡对称，但其余厨房、仓房、碾坊等附属建筑则随意处理，手法颇为自由。房屋结构：在青赭色的石台上建立木架，外壁用竹笆墙，墁石灰，柱、枋、门、窗皆为木料本色，上部覆以灰色小瓦的悬山式屋顶，色调颇为温和轻快。内部为具有边框的木间壁，涂暗红色油饰，配以各种玲珑的几何形窗格，给人以朴实而不过分厚重的印象（见图 3. 13）。

田边上远景

田边上近景

田边上天井一侧

田边上天井

田边上正厅

田边上天井一侧

田边上正厅内景

田边上下厅房天井

**图 3. 13　栗峰山庄陈列馆展示的民居旧貌照片**

（二）传统乡土村落

1. 鹿鸣村

鹿鸣村位于宜宾市江安县仁和镇，是典型的山区散居性聚落。该民居多散布于半山腰，3~4 栋房屋组成 1 处院落，沿山体蜿蜒布置有多条主要道路串联各主要院落。鹿鸣村传统村落的主要传统建筑多属于川南特色三合院，具有传统风貌的建筑占全村落建筑的 55. 81%。

鹿鸣村中最具代表性的院落为王家大院（见图 3. 14），是江安县县级文物保护单位，具有四大特点：一是合院整体格局完整；二是精美的屋顶独具特色，建筑屋顶为锤灰屋脊嵌瓷卷草纹攒尖式悬山顶；三是院落门窗、墙板上有数百件工艺精湛、寓意深刻的圆雕、镂空雕、深浅浮雕等作品；四是其院坝石板铺砌富有特点。此外，鹿鸣村内还有羊石坝、钟鼓石等多处老院落。鹿鸣村有百竹海花号、竹编、竹刻、传统手工造纸技艺等非物质文化遗产资源。2019 年，鹿鸣村被列入国家传统村落名录。

图 3.14 鹿鸣村王家大院

2. 王武寨村

王武寨村（见图 3.15）位于宜宾市珙县罗渡苗族乡西部，由原楠木村、槽门村、炮房村 3 个村合并而成，占地面积为 14.5 平方千米，是珙县乃至川南最大的苗族聚居村落。王武寨村以其丰富的文化资源，被原文化部命名为“中国民间文化艺术之乡”，已累计成功申报国家级非物质文化遗产苗族蜡染，四川省级非物质文化遗产苗族古歌，宜宾市级非物质文化遗产苗族手毽、苗族民间故事、苗族织布技艺，以及其他 14 项珙县县级非物质文化遗产。2023 年，王武寨村被列入四川省首批传统村落名录。

图 3.15 王武寨村

### （三）传统乡土场镇

#### 1. 李庄古镇

李庄古镇位于宜宾市东郊长江下游南岸，因镇域有一天然大石柱俗名“李庄”而得名，是一座国家级历史文化名镇（见图 3.16）。李庄古镇的历史悠久，人文荟萃，于 2005 年被列为中国历史文化名镇，并被评为中央电视台“魅力名镇”之一。作为万里长江第一镇，李庄依长江繁衍生息，形成了“江导岷山，流通楚泽，峰排桂岭，秀流仙源”的自然景观。由庙宇、宫观、殿堂组成的“九宫十八庙”，省级文物保护单位中国营造学社旧址，保存完好的古街古巷、四合院古民居，以及被誉为李庄“四绝”的旋螺殿、奎星阁、九龙石碑、百鹤窗，形成了李庄独特的古民居文化和独特的建筑风格。李庄古镇的文物古迹众多，人文景观荟萃。李庄古镇的古建筑群规模宏大，布局严谨，比较完整地体现了明清时期川南庙宇、殿堂建筑的特点。李庄古镇的古建筑群中的木雕石刻做工精细，图像生动，有较高的艺术欣赏价值。李庄古镇内的羊街、席子巷等，风格古朴，反映了明清时期川南乡镇的民风民俗。

图 3.16　李庄古镇

#### 2. 龙华古镇

龙华古镇位于宜宾市屏山县西北部，布局呈“▽”形，由正街、新街、顺河街组成（见图 3.17）。龙华古镇的街道各有特点，如正街临街房屋檐下出挑，置阁楼式吊檐楼，阁楼楼窗变化多端，檐柱下有菱、圆、方形饰案，撑拱上刻有各类山水、人物、走兽、飞禽。新街前店后堂，檐柱列队，整齐划一。顺河街屋檐起伏重叠，吊脚楼高高矮矮，“小山城”之称凸显。目前，龙华古镇的核心古街区保留了明清时期的古民居 105 栋。龙华古镇为中国历史文化名镇、省级文物保护单位。

图 3.17　龙华古镇

## 八、宜宾乡土民居的发展状况

### （一）美丽乡村建设

近年来，宜宾市通过实施百千工程美丽乡村建设行动，打造了一批村容村貌美、产业发展有实效、乡村文化和乡风文明好、群众对居住环境和生活质量满意度高的村落，这些村落也成为游客休闲度假的空间。这一行动体现了宜宾市对乡村振兴战略的积极响应，也展示了当代民居建设的新理念、新特色和新成果。在首批评定的宜宾市美丽乡村示范村中，相当一部分村都依托特色风貌民居、优良的乡村生态环境和特色产业，发展休闲度假旅游。例如，安石村已成为成渝地区较有名气的乡村旅游休闲目的地，胡坝村、龙兴村（见图 3.18）、高桥村（见图 3.19）、大庙村等乡村已成为国家 AAA 级旅游景区。

图 3.18　翠屏区龙兴村美丽乡村建设

图 3.19　翠屏区高桥村美丽乡村建设

### （二）新乡土民居的实践

在乡村振兴实践中，新乡土民居也得到了发展。如有关部门通过对旧有房屋的改造及有机更新和再利用、创新运用传统乡土材料、创新表达传统乡土民居文化元素、创意规划设计新乡土民居等，打造了一批富有乡土气息、传统与现代相结合的新民居。这些新民居包括利用旧农房改造的禅驿·浮生闲精品民宿、运用夯土材料建设的李庄国际营造学术交流中心、使用川南民居文化元素设计的在地性度假酒店四悦酒店（见图 3.20）、李庄言隅书店（见图 3.21）等。

图 3.20　四悦酒店

图 3.21　李庄言隅书店

例如，长宁县永江村打造的禅驿·浮生闲精品民宿系由永江村农户的原建筑群改建而成（见图 3.22）。其店名取自李涉的《题鹤林寺僧舍》："终日昏昏醉梦间，忽闻春尽强登山。因过竹院逢僧话，又得浮生半日闲。"设计者在对原建筑群进行改建时，主要运用了"拆、统、改、理、规"五种手法，解决了原来建筑之间的间距不合理、屋顶和墙面风貌的差距大、门窗不美观、整体消极空间多等问题，并突出"镉瓷"和竹编两种传统工艺，即先用竹编把建筑连到一起，再用"镉瓷"在原有的建筑上增加一些美学的元素，使其更生动、美观，更符合川南乡村的特点。

图 3.22　禅驿·浮生闲精品民宿

# 第四章　宜宾乡土民居文旅开发的路径

## 第一节　加强对传统乡土民居的保护与利用

### 一、树立整体保护意识

随着城镇化、工业化和现代化的推进，传统乡土民居及其环境面临诸多威胁和挑战，如人口外流、建筑衰败、风貌破坏、文化流失等。如何保护好传统乡土民居及其环境，使之成为乡村振兴的重要支撑和乡村旅游的核心吸引力，是一个亟待解决的问题。

基于对乡土建筑遗产不同的价值判断，一些专家学者提出了侧重点不同的“整体性”保护思想，其中最具代表性的是陈志华提出的“以乡土聚落为单元的整体保护”思想。他认为，传统村落是一个有机系统，它的历史文化意义和功能大于所有单栋建筑的意义和功能总和，同样，整体中缺少了某一类建筑，整体的价值也会被削弱。因此，乡土建筑保护应以整体保护为主要方式。

“以乡土聚落为单元的整体保护”思想，是基于对乡土建筑遗产的文化价值和社会价值的高度重视，认为乡土建筑遗产不仅是物质形态的建筑物，更是与自然环境、历史文化、社会生活等因素相互关联和影响的有机整体，因此要以聚落或聚落群为研究和保护对象。聚落中的乡土建筑包含许多种类，既有居住建筑、礼制建筑、寺庙建筑、商业建筑、公益建筑、文教建筑等，还有农业、手工业所必需的建筑（如磨坊、水碓、染房、畜舍、粮仓等）。几乎每类建筑都成为一个或大或小的系统。因此，需要维持其原有的空间格局、建筑风貌和文化氛围，避免过度开发或改变其本质特征。

## 二、促进乡土民居有机更新

### （一）有机更新理论

有机更新理论由清华大学吴良镛教授于 20 世纪 70 年代末提出。该理论认为，从城市到建筑，从整体到局部，如同生物体一样是有机联系、和谐共处的。该理论主张城市建设应该按照城市内在的秩序和规律，顺应城市的肌理，采用适当的规模、合理的尺度，依据改造的内容和要求，在可持续发展的基础上探求城市的更新发展。如今，有机更新理论也被广泛应用于探讨乡村发展空间。朱光亚提出的“融入社会进程，保护与发展并置”思想，就是基于对乡土建筑遗产的历史价值和现实价值的平衡考量，认为乡土建筑遗产不仅是历史文化的见证和传承，而且是当代社会经济发展的资源和动力，因此不能僵化地保护旧貌，而要适应社会变化和需求，实现保护与利用、保护与发展、保护与创新的有机结合。

朱光亚在《建筑遗产保护学》一书中提出的“融入社会进程，保护与发展并置”思想，主要包括以下三个方面：一是认识到建筑遗产保护不是孤立的、静止的、僵化的，而是与社会发展密切相关的、动态的、有机的。建筑遗产保护应该顺应社会变化和需求，与社会进程相协调，实现保护与利用、保护与发展、保护与创新的有机结合。二是强调建筑遗产保护不仅是对物质形态的保护，也是对非物质形态的保护。建筑遗产不仅是历史文化的载体，也是社会生活的场所。建筑遗产保护应该注重保持和恢复建筑遗产的原有功能和使用价值，使其能够继续为社会服务。三是主张建筑遗产保护不应该牺牲当代人和后代人的利益，而应该平衡好历史价值和现实价值、文化价值和经济价值、物质价值和精神价值等方面的关系。建筑遗产保护应该兼顾各方的利益和诉求，形成广泛的共识，促进社会和谐和可持续发展。

### （二）妥善处理好新旧建筑的关系

遵循保护优先、适度改造、审慎新建的总体思路，以存量建筑的空间激活和原有环境的生态修复为主要切入点，合理延续原有村庄的肌理，注重新旧建筑在空间尺度、街巷格局、建筑体量、色彩风貌等方面的协调关系。

对于村庄中传统风貌保护较好、传统空间布局相对完整、时代特色较明显的旧建筑，应优先采取保护与镶补的策略，通过修复将这些能凸显乡村文化的历史建筑改造为展示地方文化的窗口。因此，在选择改造对象时，除了要考虑其所具备的历史文化价值，还应综合考虑其所在区位、周边环境和改造后的新功能。在改造时，应注重借鉴传统乡村营建智慧，用好本地乡土建筑材料。对于新建筑，不应追求单体的精致华丽，而胜在对文化的传承，以及和传统旧建筑的风貌协调。在传统资源中汲取营养，梳理提炼传统建筑要素，通过传承、转译、再创作等手法，塑造地域建筑风貌的特色。

例如，成都市蒲江县明月村在乡土建筑的新旧融合发展中，以乡村文化为前提，始终坚持精细改造、适度建设的原则，茶山竹海、林盘民居、田间小路等均得以保留。对破败民居进行适度修缮，而不是一味地拆除原有民居，通过改造旧建筑，营造微村落，将瓦窑山、谌螃捞两个老村落改造成新旧融合的微村落。明月村的新建建筑同样采用原有建筑形式以及材料。如村头的明月文化中心便是村里工匠用鹅卵石修建而成的，被村民亲切地称为“石头房子”，现代化的空间体验与乡土建筑的外观相融合，在村民生活品质提高的同时，村落原有风貌也没有遭到破坏，村民觉得乡村景观自然亲切，游客也感受到了田园风光的野趣与悠然。

### 三、加强乡土民居建造技艺的传承

1999 年 4 月，在墨西哥国际古迹遗址理事会第十二届大会通过的《乡土建筑遗产宪章》中强调了传统建筑工艺的重要性：“与乡土性有关的传统建筑体系和工艺技术对乡土性的表现至为重要，也是修复和复原这些建筑物的关键。这些技术应该被保留、记录，并在教育和训练中传授给下一代的工匠和建造者。”对于一栋不具备纪念意义的乡土建筑，它本身的重要性或许比不上建造它的技术。因此，加强乡土民居建造技艺的传承与保护乡土民居本身同等重要。在这方面，可以借鉴一些地方的成功做法。

### （一）建立传统建筑工匠培育机制

例如，重庆市落实专项资金，培训农村建筑工匠13 000余名和巴渝传统建筑工匠500余名，培育传统建筑技艺传承人，在传统村落资源调查、规划设计、传统建筑保护和修缮等方面充分发挥了能工巧匠的作用。对于从事传统建筑保护和修缮工作达10年以上、技艺娴熟、积极传承技艺的建筑工匠，直接为其颁发住房和城乡建设行业技能人员职业培训合格证，列入市级巴渝传统建筑工匠名录，认定为传统建筑建造修缮技艺传承人，并优先承接历史文化名镇名村、传统村落保护发展等项目。

### （二）充分发挥传统工匠在乡村建设中的作用

例如，陕西省延川县充分发挥传统工匠在传统村落集中连片保护和利用中的主力军作用。一是对全县范围内的木匠、石匠、泥瓦匠等传统工匠进行了摸排登记，同时挖掘整理传统建筑技术和工艺，建立了县、镇两级传统工匠传统技艺档案台账，实行动态管理。二是推动传统工匠持证上岗，由县住房和城乡建设局、就业局定期邀请当地“老工匠”和建筑专家开展传统工匠技能培训，培训结束后为考核合格的工匠颁发职业技能证书，并纳入县、镇两级传统工匠档案台账。三是将当地优秀的传统工匠确定为“土专家”，并建立专家库。在传统村落保护和利用过程中邀请“土专家”全程指导，并优先使用当地在册传统工匠。

## 四、激发乡土民居保护的内生动力

### （一）乡土民居保护的难点

我国土地资源短缺，因此必须实行严格的耕地保护政策。《中华人民共和国土地管理法》要求“一户一宅”，推行“拆旧建新”，以及住建部门主导的“撤村并镇”。在这种必须把老房拆了才能建新房的情况下，老百姓又迫切地需要改善居住条件，一些传统村落、乡土民居往往就难以避免被破坏。此外，乡土传统民居多数由木材砖石等材料建造，形成时间已经较长，随着时间的推移，必然会慢慢残损。

### （二）以用促保是关键

近年来，保护传统乡土民居、传统村落已逐渐成为社会共识。然而，我们不能只为了保护而保护，只注重简单保存实体的传统村落、传统民居形态，而对其背后所蕴藏的历史文化，缺乏应有的挖掘和激活。这种保护成本高、产出低，难以调动各方的积极性；同时，一栋濒危的文物建筑在修好之后，如果既无人居住也无使用功能，那么两三年之后它就会再次沦为濒危建筑。此外，古村落处于封闭状态，缺乏人气，更容易凋敝，也让其应有的文化传承意义打折扣，不但保护效果难以保障，也背离了保护的初衷。

因此，有关部门必须通过动态化的开发性保护，对村落、民居特色文化进行挖掘，并与技术和商业相结合，让村落重新焕发生机；要促进传统村落、民居保护利用内涵由保护和为先、适度利用向保护和利用并重并举，再向活化利用、产业发展促进整体有效保护转变，更加突出村落、民居保护和利用的当代价值。

（三）发展乡村旅游是行之有效的保护方式

1. 对发展乡村旅游的争论

传统村落大多地处偏僻、经济发展落后、交通不便，但历史风貌保存较为完整，历史文化旅游资源丰富，因此，通过发展旅游保护与活化利用村落文化遗产资源就成为一种选择。但是，乡村旅游发展也可能对乡土民居的保护和传承造成一定的影响和威胁。对此存在两种观点，一种观点认为乡村旅游开发应成为传统村落文化遗产保护与文化振兴的一条最重要途径；另一种观点则认为旅游开发不利于传统村落的文化保护，会使村落的人际关系利益化、文化商品化、文化景观恶化等。

例如，冯骥才就提出，一个历史遗产既有旅游价值还有历史的见证价值、研究价值、欣赏价值等，不能为了一种价值而牺牲其他价值。他认为，当下发展存在的一个突出问题是，凡是跟旅游无关的东西，那些没法吸引游客的东西，就被放在一边了，很自然地就把文化肢解了。此外，在村落旅游开发中，常有“腾笼换鸟”的现象，即把原住民迁走，由开发企业来整体运营旅游业。但问题是，迁走了原住民，这个村落里的记忆以及民风、民俗、民情也会被带走。他指出，中国传统村落保护工作要纠正面临的三大问题：空巢化（农民离开乡村）、全面旅游化、村民自身对村庄及传统的冷漠。

2. 科学发展乡村旅游是行之有效的保护方式

（1）促进活化利用。针对冯骥才提出的发展乡村旅游带来的问题，一些旅游专家也作出了回应。如吴必虎教授认为，冯骥才有一些意见确实是切中时弊、深得其要的。然而，发展乡村旅游并不是引发传统村落衰落的根本原因。工业化、城市化、现代化这些席卷全球、波及全国乡村的社会变迁潮流，才是不可抵抗的力量，而不是因为旅游发展造成了传统村落的消亡和破坏。如果不是旅游的发展，中国的传统村落将会消亡得更加彻底。贵州西江千户苗寨和肇兴侗寨等成功保护案例说明，越是形成旅游规模发展的地方，其建筑和文化保存相对越完整。因为只有古村落不再是静止的物品，才能被积极利用起来，从而充分调动各方参与的积极性，在保护上取得事半功倍的效果。

（2）加强文旅融合。当下，文旅融合已经进入深度融合发展层面。在实践中，通过美丽乡村建设与乡村振兴战略，以及借助民宿、餐饮、乡村景区、休闲农业等旅游形式，已有效带动了传统村落文化的保护和传承。2014 年，住房和城乡建设部等四部门联合发布的《关于切实加强中国传统村落保护的指导意见》提出，要保护和弘扬中华优秀传统文化，加大传统村落保护力度，通过发展传统特色产业和旅游，挖掘村落的经济价值和历史科学艺术价值。2017 年，中共中央办公厅和国务院办公厅联合发布的《关于实施中华优秀传统文化传承发展工程的意见》提出，实施中国传统村落保护工程，保护和传承文化遗产，要大力发展文化旅游，充分利用历史文化资源优势引导游客在旅游中感知中华文化。

（3）实现社区参与。在传统村落文化保护与旅游利用过程中，要实现社区参与。村民是保护传统村落文化生命力的关键人群，要让村民成为传统村落文化旅游保护与利用的主要参与者和受益者，这是培养传统村落的内部生长力及实现村落文化保护最适宜的办法。

## 五、积极探索乡土民居产权交易

### （一）开展乡土民居产权交易探索的必要性

一是传统乡土民居存在不适应当下村镇居民居住需求的问题。由于传统建筑的结构、功能、设施等与现代生活方式不相匹配，许多原住民对传统建筑缺乏认同感和满意度，更倾向于迁往新建的楼房或城市。而一些有经济实力和文化情怀的外来人士，却对传统建筑有着浓厚的兴趣，愿意投入资金和精力对其进行修缮与改造。因此，通过产权交易，可以实现乡土民居的使用者与保护者之间的有效对接，提高乡土民居的使用效率。二是具有保护价值的乡土民居大多不是普通农宅，而是村里的历史遗产。这些历史遗产并非普通农户所建，而往往是一些富商、乡绅等人物所建。通过产权交易，可以实现乡土民居的公私属性之间的合理划分，提高乡土民居的社会价值和经济价值。三是仅依靠原住民很难维持传统建筑的使用价值。传统乡土建筑的维修成本高、收益低，许多原住民难以承担其保养费用和管理责任。尤其是目前在传统村落、历史建筑等的价值评定中，对民居的评价多以其建造年代、传统风貌及文化内涵为标准，往往越老的房子评价越高，虽破旧甚至破烂的住房也可能成为重点保护民居，故而多有保护价值与房屋质量成反比的情况，这无疑给保护工作带来很大困难。通过产权交易，可以实现乡土民居的使用者与投资者之间的有效合作，提高乡土民居的利用效益和保护水平。

### （二）乡土民居产权交易方式

为实现乡土民居保护和利用的双赢，需要积极探索乡土民居产权制度的创新和突破。传统民居、传统村落的闲置资产可以通过流转、出租、入股、出让、认租等多种方式，引入有能力和有情怀的企业与个人，实现其价值的最大化。同时，也可以通过将传统村落、传统民居的产权归属于集体或国家，或者以适当的价格转让给城市居民，实现其公共属性和社会属性的强化。当然，也要注意避免产权交易的过度商业化，影响传统村落的保护和活化。如欧洲一些城堡仅以象征性的价格出售，就是为了吸引有意愿和有能力的修复者。

### （三）乡土民居产权交易的实践案例

安徽省黄山市在传统建筑产权制度方面进行了尝试和探索。黄山市有100余个古村落、古民居6 462栋。星罗棋布的古民居是徽文化的代表。黄山市创新推进古民居产权流转试点，发布了《黄山市古民居原地保护利用产权转让管理暂行办法》，对依照《安徽省皖南古民居保护条例》规定并列入黄山市古民居名录范围内的古民居产权原地转让进行了规范，明确了古民居转让范围和古民居房屋产权转让、转移登记程序，建立转让平台和机制，规范转让行为，逐步建立由政府引导、市场运作、社会参与的长效机制。作为实践的探索，黄山市徽州区在全市率先出台古民居认购认领办法。如2009年以来，黄山市徽州区潜口镇共有15栋古民居进行了产权流转探索。唐模旅游公司通过国有土地挂牌竞标方式完成了唐模村汪应川故居等6栋古民居产权交易程序。西溪南镇利用社会资本参与古民居保护政策，引入北京望山、深圳天长地久等26个项目。黄山市黟县则以列入全省农村综合改革试点县为契机，成为古民居流转试点县，并制定了《黟县古民居保护利用产权原地转让管理实施办法》等，依法依规、逐步推进古民居产权流转。

## 第二节　营造生态宜居的美丽乡村环境

### 一、生态优先，营造绿水青山的自然生态环境

人类自古以来都以土地维持生计，世界乡土建筑的择地建家都很讲究在自然环境中的位置，会选择有利的风土、水文、地理气候条件。尤其是我国传统村落、民居的选址和整体空间格局布置，都与自然环境相依相融，充分体现了我国古代风水学原理和“天人合一”的思想理念，“以山水为血脉，以草木为毛发，以烟云为神彩”，建构成一个充满生机与活力的理想人居环境。

自然环境是乡土建筑遗产构成的重要因素，也是乡土社会基本特征的具体表现。如皖南徽州的乡土聚落构成“黄山向晚盈轩翠，黟水含春绕槛流”的景观意象，江南乡土聚落则给人以水乡环境的印象，广东乡土聚落的大榕树、水池，西北建在壁崖、地底的窑洞以及川南民居的“穿斗木架、筑台吊脚、竹编青瓦”等都以独特的自然环境特色反映着本地区民居村落特有的景观意象特征。乡土建筑与乡土环境息息相关，乡土建筑根植于乡土环境当中，因此，要保护乡土建筑就必须保护其周围的环境，生态优先，营造绿水青山的自然生态环境。

## 二、加强对村落、民居风貌的引导

### （一）营造乡愁意境，提升村容村貌

2021年，住房和城乡建设部、农业农村部、国家乡村振兴局联合印发了《关于加快农房和村庄建设现代化的指导意见》。该意见指出，要营造留住“乡愁”的环境，提升村容村貌。农房建设要尊重乡土风貌和地域特色，精心打造建筑风貌要素。保护并改善村落的历史和生态环境。在传统村落中，新建农房要与传统建筑、周边环境相协调，以提升传统民居的空间品质。以农房为主体，利用古树、池塘等自然景观和牌坊、古祠等人文景观，打造具有本土特色的民居。鼓励宅前屋后栽种瓜果梨桃，保护村庄固有的乡土气息，构建“桃花红、李花白、菜花黄”的自然景观，营造“莺儿啼、燕儿舞、蝶儿忙”的乡村生态环境。

### （二）宜宾农房风貌指引

根据《宜宾市美丽乡村风貌建设指引导则》的规定，宜宾村落农房风貌应以“川南民居”为主要原型，结合地域实际情况进行合理的现代创造，从而体现地域特色和时代性。农房布局，应体现农村生产生活方式，建筑基础可分为“一”字形、“L”形、“U”字形三种，并结合建筑的朝向和围合关系形成庭院或晒坝，形成传统民居的“宅院式”布局。

农房屋顶，宜采用坡屋顶形式，传承川南民居的特征。通过合理控制屋顶高度、出檐深度、屋顶局部装饰及屋顶材料，使其呈现出灵活多变的屋顶形态。

农房立面，应因地制宜，根据地形高差及周边环境，以空间灵活多变的形式布局建筑，形成退台式、错台式竖向处理。农房建筑立面宜采用传统的“三段式”样式，分为屋顶、屋身、台基三个部分。建筑层数控制在3层，住宅建筑的长、宽、高应保持良好的比例关系，遵循“宜小不宜大，宜低不宜高”的原则。

建筑装饰，宜在农房屋顶、门窗、檐廊、勒脚等位置融入装饰构件和纹样。装饰构件和纹样宜结合传统样式进行简化与重构，体现出多样的风貌样式。

建筑材料，应延续原有民居的肌理，强化乡土材料的使用，保护和传

承传统工艺与传统技术；鼓励使用新材料、新技术和新工艺，注重材料的经济性和环保性。结合宜宾的特色产业定位，强化竹材料和樟材料在建筑上的运用。

建筑色彩，宜强化传统材料和乡土材料的运用，从而延续地域建筑特色。新村建筑应以当地传统建筑色彩为基调，宜以白色、青灰色、石质原色、土黄色为主色调，以木质原色为辅色调。

农房庭院，其院门和围墙应与农房建筑相协调，选用具有乡土气息的材料，其风格和颜色应与院落及建筑风貌协调统一；庭院铺装应满足使用功能，宜选用乡土材料，体现乡村的特色；庭院绿化宜花园化、果园化、菜园化，运用乡土植物形成“微田园”景观。

## 三、推进乡土民居微改造

乡土民居微改造是指在尽量保持传统民居原貌和风貌的基础上，进行适度的改造和更新，以提高传统民居的功能性、舒适性和利用性，是一种尊重传统、适应现代、节约资源、创新利用的改造方式。一是用传统的方式完善基础设施和人居环境。传统民居中蕴含了许多生态循环的理念和传统智慧，可以为基础设施和人居环境的提升提供借鉴与参考。例如，利用竹子、草筋、泥浆等自然材料进行建筑修缮和装饰，既经济环保又具有乡土风情；利用天井、水塘、乌龟等元素进行排水系统的治理，既节约水资源又保持清洁卫生 。二是用现代技术提升传统建筑功能和完善配套设施。传统民居在通风、采光、防潮等方面不能适应现代生活，需要结合现代技术进行改造和更新。例如，在不破坏建筑外观和结构的前提下，应增加隔热、防水、隔音等材料，以提高建筑的舒适度和安全性；在不影响建筑风貌和色调的前提下，应增加太阳能、风能等新能源设备，以提高建筑的节能性和便利性。

## 第三节　依托乡土民居发展文旅产业

### 一、民宿产业

（一）促进民宿产业发展的相关政策

近年来，旅游者对民宿的需求量增加。乡村民宿作为一种新兴休闲业态，具有较高的吸引力和文化附加值，逐渐成为旅游消费热点。国家和地方对乡村民宿产业发展的关注度不断提高，出台了一系列支持乡村民宿产业发展的政策文件。促进民宿产业发展的相关政策文件统计情况见表 4.1。

表 4.1　促进民宿产业发展的相关政策文件统计情况

| 政策文件 | 相关条文 |
| --- | --- |
| 2019 年中央一号文件《中共中央 国务院关于坚持农业农村优先发展做好“三农”工作的若干意见》 | 发展乡村新型服务业。支持供销、邮政、农业服务公司、农民合作社等开展农技推广、土地托管、代耕代种、统防统治、烘干收储等农业生产性服务。充分发挥乡村资源、生态和文化优势，发展适应城乡居民需要的休闲旅游、餐饮民宿、文化体验、健康养生、养老服务等产业。加强乡村旅游基础设施建设，改善卫生、交通、信息、邮政等公共服务设施 |
| 2021 年中央一号文件《中共中央 国务院关于全面推进乡村振兴加快农业农村现代化的意见》 | 加强村庄风貌引导，保护传统村落、传统民居和历史文化名村名镇。加大农村地区文化遗产遗迹保护力度 |
| 2022 年中央一号文件《中共中央 国务院关于做好 2022 年全面推进乡村振兴重点工作的意见》 | 支持农民直接经营或参与经营的乡村民宿、农家乐特色村（点）发展 |
| 2023 年中央一号文件《中共中央 国务院关于做好 2023 年全面推进乡村振兴重点工作的意见》 | 实施乡村休闲旅游精品工程，推动乡村民宿提质升级 |
| 2022 年国家文物局《关于鼓励和支持社会力量参与文物建筑保护利用的意见》 | 社会力量可通过社会公益基金、全额出资、与政府合作等方式，按照《文物建筑开放导则（试行）》的要求，利用文物建筑开办民宿、客栈、茶社等旅游休闲服务场所 |
| 自然资源部办公厅关于印发《产业用地政策实施工作指引（2019 年版）》的通知 | 鼓励通过流转等方式取得属于文物建筑的农民房屋及宅基地使用权，并进行统一保护开发利用 |

表4.1(续)

| 政策文件 | 相关条文 |
| --- | --- |
| 《农业农村部关于积极稳妥开展农村闲置宅基地和闲置住宅盘活利用工作的通知》 | 鼓励利用闲置住宅发展符合乡村特点的休闲农业、乡村旅游、餐饮民宿、文化体验、创意办公、电子商务等新产业新业态。<br>支持农村集体经济组织及其成员采取自营、出租、入股、合作等多种方式盘活利用农村闲置宅基地和闲置住宅。鼓励有一定经济实力的农村集体经济组织对闲置宅基地和闲置住宅进行统一盘活利用。支持返乡人员依托自有和闲置住宅发展适合的乡村产业项目。引导有实力、有意愿、有责任的企业有序参与盘活利用工作。依法保护各类主体的合法权益，推动形成多方参与、合作共赢的良好局面。<br>鼓励创新盘活利用机制。结合乡村旅游大会、农业嘉年华、农博会等活动，向社会推介农村闲置宅基地和闲置住宅资源。<br>突出乡村产业特色，整合资源创建一批民宿（农家乐）集中村、乡村旅游目的地、家庭工场、手工作坊等盘活利用样板 |
| 2022年文化和旅游部、公安部、自然资源部、生态环境部、国家卫生健康委、应急管理部、市场监管总局、银保监会、国家文物局、国家乡村振兴局《关于促进乡村民宿高质量发展的指导意见》 | 以乡村民宿开发为纽带，开展多元业态经营，拓展共享农业、手工制造、特色文化体验、农副产品加工、电商物流等综合业态，打造乡村旅游综合体，有效发挥带动效应。<br>积极吸引农户、村集体经济组织、合作社、企业、能人创客等多元投资经营主体参与乡村民宿建设。<br>鼓励农户和返乡人员开发利用自有房屋自主经营乡村民宿，在规划布局、质量标准、建筑风格等方面加强指导。<br>在尊重农民意愿并符合规划的前提下，鼓励农村集体经济组织通过注册公司、组建合作社、村民入股等方式整村连片发展乡村民宿。<br>鼓励城镇居民等通过租赁产权明晰的闲置宅基地房屋、合作经营等方式开展乡村民宿经营。<br>各地要依据国土空间规划，通过全域土地综合整治、城乡建设用地增减挂钩等方式有效盘活利用存量建设用地，以用于乡村民宿建设，并探索灵活多样的供地方式。<br>在尊重农民意愿并符合规划的前提下，鼓励农村集体经济组织通过注册公司、组建合作社、村民入股等方式整村连片发展乡村民宿。鼓励城镇居民等通过租赁产权明晰的闲置宅基地房屋、合作经营等方式开展乡村民宿经营。<br>鼓励农村集体经济组织以自营、出租、入股、联营等方式依法使用农村集体建设用地建设乡村民宿。在农村闲置宅基地和闲置住宅盘活利用试点示范中，整合资源推动创建一批民宿集中村、乡村旅游目的地等盘活利用样板 |

表4.1（续）

| 政策文件 | 相关条文 |
| --- | --- |
| 《四川省乡村旅游提升发展行动方案（2022—2025年）》 | 着力盘活闲置农房、宅基地等资源，大力发展乡村民宿。以国家旅游等级民宿评价标准为引领，提升乡村民宿品质，打造一批有文化、有特色、有品位的旅游等级民宿。引导乡村民宿集群化发展，优化乡村民宿布局，打造一批乡村民宿集聚区。培育一批具有地域特征和地方特色的乡村民宿品牌 |
| 四川省自然资源厅《关于探索用地新方式保障农村一二三产业融合发展用地的通知》 | 在符合国土空间规划的前提下，鼓励对依法登记的宅基地等农村建设用地进行复合利用，发展乡村民宿、农产品初加工、电子商务等农村产业 |

### （二）发展路径

民宿的发展路径有两条。第一条途径是改造原有的民居使之成为民宿。通过对原有民居硬件设施的更新、加入能够体现地域特色和体验性的空间和装饰陈设等，将民居转变成为民宿。大多数民宿都是由原有民居改造而成的原因如下：一是基于民居改造的民宿大都是通过租赁经营的方式，经营者只有经营权，并没有产权，因此改扩建民宿的成本更低；二是民宿的卖点主要在于乡村生活体验，结合现有的民居改造，在满足使用的前提下对原有民居尽可能地保留，会更加地突出民宿的特色。例如，位于意大利马泰拉的柯尔特圣彼得旅宿，设计师对原本已荒废的民居进行结构修复，改造成为拥有内庭院的柯尔特圣彼得民宿，其改造修复工作完全遵照原始的建筑结构展开，延续了原有民居的生命，也延续了其承载的历史文化和技术信息。第二条途径是新建民宿。新建民宿在设计上往往不会受到太多的限制，建筑风格不需要考虑原有的老房子的特点，内部空间设计也较为自由。如位于我国台湾地区的毛屋民宿，是由两栋新建现代建筑构成的民宿，运用现代建筑设计手法处理，主体结构采用清水混凝土材料。采用大面积开窗，引入自然光线，室内装饰陈设上也与改扩建民宿有很大不同。

### （三）发展模式

根据主体动力不同，可以分为四种开发模式。一是村民自发型。鼓励农户利用自有房屋自主经营乡村民宿，在规划布局、质量标准、建筑风格等方面加强指导。二是乡创开发型。鼓励城镇居民、艺术家、城市白领、能人创客等通过租赁产权明晰的闲置宅基地房屋、合作经营等方式开展乡村民宿经营，创建美丽庭院、发展庭院经济。三是资本运作型。通过众筹、企业和机构投资、投融资服务平台、政府产业基金及孵化器等多元融资渠道，带动流量、渠道以及社会其他价值，提升第一产业、第二产业的品牌价值。也可以通过兼并、收购等资本运作方式实现民宿的规模化和品牌化。四是集体共建型。依托乡村存量土地资源，鼓励以乡村集体经济联合体为主体，开展对外合作，村集体（或与专业旅游公司）成立“民宿经济”运营公司，村民通过土地出租、土地入股的形式参与经营，运营公司向村民提供技能培训、卫生管理、客房调度等服务。

（四）推进“乡村民宿+”多元业态融合发展

乡村民宿发展应结合市场的需求，抢抓新生消费机遇，体验个性化、服务温情化、主客共享化、文化主题化，统筹推进乡村民宿与农业、文化创意、康养、科普研学、体育等领域的深度融合，延长产业链，提升价值链，打造乡村民宿度假综合体，推进乡村民宿高质量发展。

## 二、乡土民居博物馆

有关部门可将一些具有代表性或珍稀性的乡土民居作为博物馆或展览馆，展示其建筑的特点、历史背景、文化内涵等，让游客通过观赏、解说、互动等方式了解其价值。乡土民居博物馆的实施方法包括以下三种：一是原址保留法，即在原有的乡土民居所在地进行修复、改造或扩建，使其成为博物馆或展览馆，保留其原有的地域性、历史性和文化性。二是原貌复制法，即在其他地方按照原有的乡土民居的外观、结构、功能等进行复制或仿造，使其成为博物馆或展览馆，保留其原有的风格和形式。三是原型提炼法，即根据原有的乡土民居的特征、元素、规律等进行提炼或抽象，使其成为博物馆或展览馆，保留其原有的精神和内涵。

**案例：从普通乡村到民居活态博物馆**

宰湾村位于河南省焦作市修武县方庄镇，是一个典型的平原村，没有特殊的景色、风貌和产业，没有历史建筑，从长远看村落发展缺乏内生动力。这样一个“三无”（无风景、无风貌、无产业）村庄如何发展？规划设计团队经过调研和分析，发现了一个有趣的现象：村中民居断代特征清晰，并以一种“切片”的形式存在。此外，又夹杂着大量自发建造的痕迹，如彩钢棚、光伏板等，这使村落显得混乱但真实，是豫北民居变迁的一份活态标本。基于这一发现，设计团队确定了打造豫北民居“活态博物馆”的设计理念，从20世纪60年代的豫北民居展厅，到20世纪八九十年代的农村自建房，再到现代化房屋的华丽转变，层次分明，迭代展现了豫北民居的时代特点和变化。在保留村庄原有肌理、真实乡村景观和自发建造痕迹的基础上，以建筑、景观、公共艺术和叙事的方式加以串联、放大和诠释。第一步是对村庄基础设施进行提升。第二步是打造精品线路和空间节点。精品线路就是一条“时间轴线”，它把宰湾村近40年的建设行为串联起来，对路面、墙面等位置进行艺术化处理，增加街道家具和游戏装置等。空间节点包括豫北民居展厅、村标、卫生院立面改造、“椿暖花开”艺术装置、“有囍有鱼”广场等，它们分别展现了不同时期典型的豫北民居形态和鲜活的群众生活。第三步是利用闲置资源和空间进行活化利用。通过流转、出租、入股等方式，针对闲置或废弃的古民居和古建筑，引入有能力和有情怀的企业与个人，对其进行规范性改造和利用，发展特色民宿、文创空间等新业态。

## 三、发展文化体验旅游

### （一）发展文化体验旅游的原则

尊重乡土民居的特色和差异。不同地区、不同民族、不同时代的乡土民居都有其独特的建筑风格、结构、功能、色彩等，反映了地域性、民族性、时代性的特点。在开发和利用乡土民居时，应该尊重其特色和差异，避免一刀切或千篇一律的模式，设计出具有个性和品质的旅游产品与服务。

整合乡土民居的文化资源和产业链。乡土民居与当地的其他文化资源（如非物质文化遗产、红色文化、名人故事等）以及相关产业（如农业、林业、手工业、餐饮业等）有着紧密的联系。在开发和利用乡土民居时，应该整合这些资源和产业，形成一个完整的产业链，实现资源共享和效益最大化。

创新乡土民居的文化体验方式和内容。在开发和利用乡土民居时，应该根据市场需求和游客特征，创新乡土民居的文化体验方式和内容。例如，可以利用现代科技和媒介提升乡土民居的展示效果与体验感；结合当地的节庆活动、主题活动、互动游戏等，丰富乡土民居的文化内涵和趣味性；开展各种文化教育、创意产业、社会公益等项目，提升乡土民居的社会价值和公众参与度。

（二）乡土民居+非物质文化遗产

乡土民居结合非物质文化遗产发展旅游，即以乡土民居为载体，以非物质文化遗产为内容，以体验式旅游为模式的旅游产品。它既展示了乡土民居的建筑风格和文化内涵，又传承了非物质文化遗产的礼仪习俗和艺术价值，还提供了游客参与和感受传统文化的机会与平台。

**案例：在夕佳山民居体验川南婚俗**

川南婚俗是流传于川南汉族地区的一种具有300多年历史和浓厚地方特色的民间婚嫁习俗，被誉为“川南民俗一枝花”。它既保留了中原汉人古风《六礼》的一面，又有演变的一面。2016年，川南婚俗被认定为市级非物质文化遗产。夕佳山民居是展现川南婚俗文化的主要载体，夕佳山民居博物馆搜集、整理、编排了“川南婚俗”表演项目。节假日期间，在夕佳山民居举行的川南婚俗文化表演活动，吸引了来自全国各地的游客驻足观看。游客在欣赏夕佳山民居风光和历史的同时，感受川南婚俗的喜庆和艺术，亲身体验川南婚俗的礼仪和风格，甚至可以在夕佳山民居举行自己的中式婚礼。

（三）乡土民居+文化创意

文化创意产业是指以文化为核心，以创意为驱动，通过技术、艺术、设计等手段，将文化元素转化为具有市场价值和社会效益的产品或服务的产业。在全球化背景下，人们越来越追求个性化、差异化的体验。文化创意正是基于文化与创新的结合，为人们提供了一种全新的生活和体验方式。它涵盖了文化创作、创意设计、文化传媒、手工艺品制作等领域，为乡土民居发展提供了新的动力。

乡土民居与文化创意的结合可以从以下四个方面展开：一是乡土民居改造与再利用。在尊重和保护原有建筑的基础上，将其改造为文化和创意产业的场所，如工作室、展览馆、文化咖啡馆等。二是反映民居背后的历史与故事。每一栋乡土民居都有其背后的故事。这些故事可以是一个家族发展的历史，也可以是某个特定历史时期的事件。通过创意地展现这些故事，可以增强旅游者的参与感和体验感。三是融合地方工艺与技艺。乡土民居的建造往往融入了丰富的手工技艺，如木雕、砖雕、石雕等。这些技艺可以与现代设计相结合，创造出独特的工艺品或纪念品；还可以将乡土民居作为一个展览与体验的场所，让游客了解当地工艺制作的具体流程，为游客提供各种文化体验等。四是展示当地生活方式与文化。乡土民居与当地的生活方式，如住宿、饮食、娱乐、节庆等有着千丝万缕的联系。

**案例：猪棚咖啡馆——乡土民居与文化创意的跨界碰撞**

在山东省荷泽市鄄城县苏泗庄村，一座废弃的猪棚变身为一个集咖啡、艺术和文化于一体的综合空间，成为游客打卡的热门地点。在猪棚的改造中保留了猪棚的原始结构和材质，但做了必要的修缮提升，让建筑既保持了原有的乡土气息和历史韵味，又具有现代化的舒适设施和条件。猪棚内的墙壁上画满了卡通图案和网络标语，猪棚外的树林里搭建了露营帐篷，让游客在这里可以享受一次别样的乡村体验。这种“腾笼换鸟”的做法，不仅为苏泗庄村带来了旅游收入，也为乡村闲置资源的利用提供了一个创新的范例。猪棚咖啡馆的成功，源于它将乡土民居与文化创意相结合，创造了一种“又土又潮”的反差感，激发了游客的好奇心和新鲜感。猪棚作为农村常见的“土味”设施，与咖啡馆这种自带“精致感”的消费场所看似不搭调，却碰撞出一种独特的乡村美学。

（四）乡土民居+研学旅行

2014年，《国务院关于促进旅游业改革发展的若干意见》提出，建立小学阶段以乡土乡情研学为主、初中阶段以县情市情研学为主、高中阶段以省情国情为主的研学旅行体系。乡土民居作为一种丰富多彩、富有特色的研学资源，可以为不同阶段的研学旅行提供多样化和个性化的内容与形式。例如，小学生可以通过参观、体验、制作等方式，了解乡土民居的建筑结构、装饰风格、功能布局等；初中生可以通过调查、访谈、展示等方式，探究乡土民居的历史演变、文化内涵、社会功能等；高中生可以通过比较、分析、评价等方式，评估乡土民居的保护现状、利用效果、发展前景等。

依托乡土民居开展研学旅行的内容主要包括以下三个方面：一是乡土民居的建筑特征。乡土民居的建筑特征是指乡土民居在建筑形式、结构材料、装饰风格等方面所表现出来的特点，反映了当地的自然条件、经济水平、技术水平等因素的影响。研学旅行可以让学生通过观察、比较、分析等方式，了解不同地区、不同民族、不同时期的乡土民居的建筑特征，如平房、楼房、四合院、走马楼、吊脚楼等，感受乡土民居的美学价值和实用价值。二是乡土民居的文化内涵。乡土民居的文化内涵是指乡土民居所蕴含和传递的文化信息与文化精神，反映了当地人民的思想观念、风俗习惯、信仰信念等因素的影响。研学旅行可以让学生通过访谈、体验、制作等方式，探究乡土民居所代表和象征的文化内涵，如门神、对联、剪纸等，感受乡土民居的历史价值和文化价值。三是乡土民居的社会功能。乡土民居的社会功能是指乡土民居在社会生活中所承担和发挥的作用，反映了当地人民的生产方式、生活方式、组织形式等因素的影响。研学旅行可以让学生通过调查、评价、展示等方式，评估乡土民居在当今社会中存在的问题与面临的机遇，如保护和利用、传承和创新、融合发展等，感受乡土民居的现实价值。

## 第四节　乡土民居文化元素的创新应用

在当代美丽乡村建设中，如何深挖和利用宜宾的乡土元素，是实现乡村旅游与地方文化同步发展的关键。乡土民居文化元素是在对乡土民居进行分解的基础上，提炼出能够反映乡土民居视觉特质和文化内涵，并可以作为设计语言应用到新的设计中去的建筑要素，其中主要包括乡土材料、乡土建筑形态、乡土建筑色彩等。

### 一、乡土材料

当前，包括宜宾在内的我国农村建筑外墙饰面材料多使用涂料、面砖，建筑立面材料使用非常单一，而对本地乡土材料的使用率较低。正是这个原因，才使得乡村的景观风貌失去了原有的乡土气息。

乡土材料是不同地域的人们经过长时间和实践的验证，在符合当地文化审美情趣的基础上，得到的与所在地域环境和自然气候条件相适应的产物。在乡村建设和景观设计中，应多采用土、木、石、竹等乡土材料，一方面就地取材，绿色环保；另一方面多使用乡土材料，让乡村更有味道，如土坯墙、夯土墙、竹篱笆等，是区别城市与乡村的重要元素。

土：土是川南地区最原始的建筑材料，也是最广泛的建筑材料。土可以用来制作夯土、泥砖、灰泥等，用于建造各种类型的墙体。不同地域的土质不同，用于建造的工艺也不同，以土建房自然就传达出地域乡土的特征。将土用于建造，具有成本低廉、取材容易、可重复回收利用的优点。同时，土本身的热工性能、承重性能、耐久性能、隔声性能都较好，在潮湿的环境中可以抵抗水分侵蚀，并调节室内的湿度，是一种性能优越的材料。

木：木材是中国传统建筑最常用的一种材料，具有取材容易、加工容易的特点，因而应用非常广泛。木材多为就近取材。根据当地的气候条件不同，生长的木材种类、色泽、纹理也各不相同。木材加工的手段多样，不同地区采用的木结构形式、雕刻形式都有较大区别。木是一种烙印着地方记忆的本土材料。

竹：我国竹类资源、面积、蓄积量均居世界第一位。宜宾有着适合竹类生长的土壤和气候，是全国十大竹资源富集区之一。宜宾现有竹子种类39属、485种，原生竹种58种。2022年，宜宾竹林种植面积为333.92万亩，被称为“中国竹都”。竹本身也具有良好的建造特性，它强度高、韧性好、性能稳定、密度较小，经过适当的加工处理之后，可以具备较好的结构性能和耐久性能；同时，竹子的生长周期相较于树木而言要短，价格也更便宜，是一种兼具环保性能和经济性能的材料。对于竹的应用，一是可以将竹子作为主体构造，如竹排墙、竹面墙、竹篾墙、竹屋面等，利用竹子不同的加工及编织形式组成不同的构图，赋予建筑独特的风格；二是可以将竹子加工后作为装饰、维护构造，通过编织形成较多空隙，有利于空气流通，起到通风、隔热的作用。以竹笋为造型创意的永江村乡村会客厅见图 4.1。

图 4.1　以竹笋为造型创意的永江村乡村会客厅

瓦：瓦用于覆盖屋顶，具有防水、防火的特点。瓦是川南传统民居建筑中常见的屋顶材料，以小青瓦为特色，体现了素雅、厚朴、宁静之美。除建筑屋顶外，小青瓦还广泛应用于建筑其他方面，如围墙、漏窗、铺地等。瓦片作为一种传统的建筑材料，它用其独特的纹理、优美的弧线，让景观设计在这瓦片中不仅活了起来，而且有一种现代装饰的美感。

## 二、乡土建筑形态

乡土建筑形态是乡土建筑最为突出的物质表现，是当地居民在适应自然地理的环境下，形成的生态、智慧的解决策略。我国具有丰富多样的地貌地势形态和地理气候条件，与之相对应，也就形成了风格迥异的乡土建筑形态。例如，西北高原地区，干旱少雨，于是形成了独特的居住建筑形式——窑洞；云南、广西、贵州等亚热带地区，气候炎热、潮湿、多雨，于是当地少数民族常采用下部架空的干栏式建筑形式等。然而，随着时代的变迁，大部分乡村已经完成了新农村建筑的“更新换代”，很难再完全恢复原貌。但是在乡村景观节点设计和建筑立面改造中，可以加大对乡土建筑形式的应用。

（一）穿斗式结构

穿斗式结构的特点是，用穿枋将柱子串联起来，形成一榀榀的房架，檩条直接搁置在柱头上，沿檩条方向再用斗枋把柱子串联起来，由此形成一个整体的屋架。穿斗式结构很灵活，其做法多种多样，可适应室内空间的不同变化；可适应山地地形复杂的变化，构建了许多与地形环境充分适应的结构体系。同时，穿斗式结构能够与当地材料如竹编夹壁墙等相结合，塑造出许多富有浓郁地方特色的建筑形象。在乡村建设中，可以巧妙应用穿斗式结构的形制，将其作为一种设计元素融入现代建筑，作为建筑装饰的一部分，赋予新建筑一种传统文化和地域文化的意味。

具有乡土气息的高桥村旅游厕所见图 4.2。

**图 4.2　具有乡土气息的高桥村旅游厕所**

宜宾市博物馆对民居穿斗式结构的展示见图 4.3。

图 4.3　宜宾市博物馆对民居穿斗式结构的展示

（二）坡屋顶

屋顶是中国传统建筑最为丰富多彩的第五立面，包括歇山、悬山等屋顶形式和灵活多变的屋顶组合形式，使建筑产生独特而强烈的视觉效果。川渝地区民居就单体的屋面而言，以两坡顶为主，间以少量的四坡顶、歇山顶，屋面的变化主要来自屋顶组合形式的灵活多变，以及屋面顺应地势起伏。坡屋顶是中国传统乡土民居中的一种典型建筑形式，具有良好的防水、排水、通风、采光等功能，也体现了中国传统建筑的美学价值和文化特色，在当代美丽乡村建设中，坡屋顶仍然有着广泛的应用场景。

（三）屋脊

在川南传统乡村民居中，屋脊上的装饰使屋面更加有体积感，光影感更加突出，起到了强化屋顶轮廓和稳定屋顶的作用。屋脊的主要装饰构造在川南乡村中主要有三种：叠瓦屋脊、灰塑屋脊、砖砌屋脊。

言隅书店的屋脊造型见图 4.4。

图 4.4 言隅书店的屋脊造型

## 三、乡土建筑色彩

川南地区的传统乡土民居用料基本采用就地取材的模式，以突出材料的本色质感。木构民居多为天然本色，黛黑色小青瓦、红棕色木框架，对比浅白色夹泥墙，与周边的山林、竹丛融为一体。有的房舍台基阶沿采用当地产的红砂石，与周围山石大地环境混生交织。一般装饰较为节制，多为本色油饰，少有过分的雕梁画栋，彩绘图案用色也以淡雅为主。宜宾乡土民居的主色调包括灰（黑、青）白色、红褐色、绿色等，是一种朴素、自然的色彩价值观。不少民居、村落远看都似一幅水墨淡彩抒就的山水乡居图画。

新建建筑的色彩选择要与村落核心色调基本保持一致。宜强化传统材料和乡土材料的运用，从而延续地域建筑色调。新建建筑应以当地传统建筑色彩为基调，以白色、青灰色、石质原色、土黄色为主色调，以木质原色为辅色调。

## 第五节　探索数字化的保护和利用

乡土民居是传承中华优秀传统文化的宝贵“基因库”，具有很高的社会价值、经济价值、文化价值和艺术价值。然而，随着城镇化和现代化的发展，乡土民居面临消失和破坏的危险，急需有效地保护和利用。

### 一、乡土民居数字化保护和利用的意义

乡土民居数字化的保护和利用是利用计算机技术对乡土民居及其文化进行保存、守护和传承，将现有的文字、图像及空间资料转化为数字形式的文献、数据库、静止的图像和3D动态图像等。

实施乡土民居数字化的保护和利用，一是可以为乡土民居提供全面、真实、精确、可视化的数据记录，为规划设计、文化研究等提供翔实的数据支撑和决策支持；二是为乡土民居提供多样、活态、互动、沉浸式的情景展示，为文化传播和教育等提供有效的展播手段和载体；三是为乡土民居提供创新、延伸、融合、开放式的发展空间，为文化创意和产业等提供新的发展机遇和动力。

### 二、数字化保护和利用的技术与方法

数字化的保护和利用涉及多个学科领域的方法，主要包括数据留存技术、信息加工技术和展示传播技术。

#### （一）数据留存技术

数据留存技术是指对乡土民居的信息进行采集和储存的技术，主要包括图形图像以及空间数据的采集和存储。图形图像的采集主要采用平面扫描获取绘画、书籍、乐谱、剪纸等二维图像，应用高清拍摄记录村落景观、民居古建筑、文物外观，运用摄录技术采集文化演出、传承人描述等。空间数据的采集主要以遥感、三维激光扫描为代表，对村落大范围基础地理信息、村落景观中的要素以及民居古建筑、文物等空间数据进行获取。

### （二）信息加工技术

信息加工技术是指对乡土民居数字化信息的加工和处理的技术，主要包括数据分析技术和三维建模技术。数据分析技术主要以地理信息系统空间分析技术为支撑，通过数据分析，为乡土民居的物理保护规划设计、文化研究等提供翔实的数据支撑和决策支持。三维建模技术主要通过数据的采集和三维模型构建，为乡土民居的展示和传播奠定基础。

### （三）展示传播技术

展示传播技术是指对乡土民居数字化信息进行展示和传播的技术，主要包括虚拟现实技术和“互联网+”传统村落技术。虚拟现实技术主要应用大数据存储和分布式计算，以动态交互的方式开展全景沉浸式体验，达到有效展播和传承的目的。“互联网+”传统村落技术主要是利用互联网平台和网络化展示，提高信息展示的交互性和文化交流的互动性，为乡土民居提供新的展示和传播渠道。

例如，中国传统村落数字博物馆是一个基于互联网的数字化平台，集成了全国 8 000 多个传统村落的基本信息、图像资料、空间数据、文化特色等内容，为公众提供了一个全面、系统、便捷的传统村落信息查询和浏览的服务，也为传统村落保护规划设计、文化研究等提供了数据支持。

安徽省黄山市黟县宏村利用数字化技术，对村落建筑、景观、文物等进行了三维激光扫描和三维建模，建立了一个完整的三维数字模型，并通过虚拟现实技术，为游客提供了一个真实感强、交互性高的虚拟游览体验。

# 第五章　宜宾乡土民居保护和开发实践案例

## 第一节　马湖府民居的保护和利用实践

### 一、马湖府的历史

宜宾市屏山县是金沙江畔一座与云南隔江相望的小县城，自古以来就是多民族聚居区。根据史料记载，公元 239 年，蜀汉后主刘禅在屏山地区设置马湖县，历史沿革中又先后改设马湖州、马湖路、马湖府等，直到雍正五年（公元 1727 年）裁马湖府保留屏山县，“马湖府”这个名称才退出历史舞台。

马湖府的历史悠久，建于元大德年间（1297—1307 年），当时为土城。明隆庆年间（1567—1572 年）扩建，清乾隆年间（1736—1795 年）、咸丰年间（1851—1861 年）均培修过。

### 二、马湖府民居

因为特殊的地理位置，马湖府在唐宋时期就成为中央政权与南诏、大理之间的屏障。明朝以后，因少数民族与汉族融合以及“湖广填四川”等原因，多种文化形态的建筑在此汇集，保留了大量民居、寺庙、会馆、祠堂、古井、古桥，这些建筑大多修建于明清时期，成为屏山移民文化的见证。在向家坝水电站蓄水发电之前，屏山被誉为活着的四川古建筑博物馆，有众多珍贵的乡土民居建筑，如凌家老房子、凌家祠堂、聂家大院、聂家祠堂、禹王宫、员外府、丹桂湾民居等。

凌家老房子占地面积为 5 070 平方米，建筑面积为 4 350 平方米。凌家老房子的建筑采用二进四合院形式，坐北朝南，由前堂、中堂、后堂、左右厢房和侧房等 16 座建筑组成。凌家老房子采用穿斗式木结构、悬山式小青瓦屋面建筑。凌家老房子的建筑檐柱间施撑弓、雀替等，均雕刻有精美图案，是非常珍贵的一座民居建筑。

凌家祠堂是由原楼东乡凌氏家族于民国时期修建的家族祠堂。现存建筑有大门、门厅、中厅、大殿、厢房、天井。凌家祠堂采用穿斗加抬梁结构，硬山或歇山小青瓦屋面。凌家祠堂占地 5 亩左右，由三个院落构成。凌家祠堂以朝门、祭祖殿为中轴线，院、房、廊、楼严格按照对称的美学原则向两边舒展。

禹王宫修建于清朝乾隆年间，由山门、大殿及南、北厢房组成，为纪念大禹治水的功绩而建，占地面积为 1 000 平方米，建筑面积为 420 平方米。禹王宫由于年久失修及人为改变，现仅存大殿。

员外府为清朝道光初年由当地望族凌氏家族所修建的一处多进院落式建筑群，占地面积为 1 610 平方米，建筑面积为 1 550 平方米；员外府是由门厅、过厅、过厅南北厢房、堂屋、堂屋南北耳房、南北厢房、天井西侧廊道、后院书楼、绣楼和建筑内、外封火墙组成，天井 7 个，单体建筑 12 栋的三进四合院建筑群。

### 三、马湖府民居迁建工程

2006 年，向家坝水电站开工建设，屏山老县城和周边 5 个乡镇都成为淹没区。为了保护珍贵的文化遗存，有关部门同步推进了屏山县文物搬迁工程，这是四川有史以来最大规模的地面文物迁移保护项目。经过反复论证，最终确定在书楼镇南侧，迁移修建一座占地 200 亩、建筑面积为 30 000 平方米的古建筑群落——马湖府古城。

从文物古建筑拆卸搬迁，到最终在异地按原样修建，整个文物古建筑迁建工作严格按照规范科学的程序方法，如为保证文物古建筑拆卸以后能够完整复原，施工单位必须具有文物施工一级资质，确保文物古建筑在拆卸时不受任何损坏；每一件文物古建筑拆卸前必须提前编号；拆下来的文物古建筑构件统一运送到书楼镇曾家湾临时修建的库房中；每个构件必须分开堆放，并且按照不同的类别标识。在 2016 年马湖府古城正式动工以前，文物工作者用了 4 年时间对原有材料进行清理、修复。

根据文物古建筑修复的原则，工作人员尽量把原有古建筑的每一块砖、每一片瓦都用上，以便尽量修旧如旧。如果有的木质构件拆下来才发现损坏，或者中间已经糟朽、被虫蛀空，那么就需要根据构件不同的损坏情况分别进行修复。

此外，专家们根据文物迁建中存在的不同问题，找寻不同的迁建办法。如万寿寺和万寿观正殿中高大的金丝楠木立柱直径宽达 50 厘米，是明朝时期的构件，几百年下来底部受潮已经糟朽。为保住立柱，施工人员先将木柱糟朽部分用凿铲做剔挖，再将买来的楠木改成木块楔入补洞，并用乳胶黏结。木柱糟朽长度不同，具体的修补方案都有细微不同。这种“换骨保皮”的修复方法，不仅重新加强了木柱的支撑，也达到了修旧如旧的效果。仅万寿观的斗拱复原，拆下来的斗拱就有 69 攒。这种施工方法同时增加了后期复原的难度。每攒斗拱虽有编号，但糟朽、损毁后需重新补配，尺寸上的细微差别导致攒攒无法重新相连。技术人员根据拆卸前的测绘图纸一攒一攒地反复检查修正，用了一年时间才最终确保所有斗拱都能够重新连接。

对于文物民居的异地复建，连不同区域的风力都需要考虑到。在确定文物民居迁建地之后，技术人员发现靠近江岸处的迎风面风荷载很大，可能将瓦片吹翻损毁。因此，技术人员对靠江的几处民居进行了重点防护，在瓦片底部采用固定措施，民居屋顶小青瓦盖得比正常的要密实许多。

在文物工作者的悉心工作下，已经淹没在金沙江底的古民居又悄然“复活”。这些复建的民居，成为历史的见证：凌家的新老院子、祠堂、作坊、铺面，见证了一个望族的风光；聂家大院，则直观呈现了什么叫“斜门歪道”。因古人修宅要讲风水，所以开在巷道旁的大门不会与小巷平行或垂直，而是有意地将门的朝向转一个角度，斜斜地对着街道。

最终，马湖府古城共集中异地原貌复建了 42 处文物古建筑（另有 2 处文物古建筑迁至新县城凤凰山），在迁移保护的 44 处文物中，包括祠庙、民居、石刻、桥梁、城门、牌坊、古井等不同类别，集中呈现了历史上移民带来的客家文化遗存，保存了大量珍贵的明清风格的民居建筑。

## 四、马湖府古城文旅项目

迁建完成的“马湖府古城”占地近200亩，建筑类型包括古衙府、古民居、宫观、庙宇、牌坊、城门等，古建筑面积为2.7万平方米，400余间房，具有较高的历史、艺术、观赏和科研价值（见图5.1）。

图5.1　马湖府古城（局部）

依托马湖府古城迁建项目，屏山县启动了马湖府古城文旅项目建设，规划建成集建筑文化、历史文化、宗教文化、民宿文化、码头文化、乡村文化等于一体的综合性文化博览园，包括马湖府古城、金沙水上娱乐、西村艺术民宿聚落、风味美食街、田园乡宿、楼山书院等文旅板块。该项目的基础设施已基本完成，已开展主题餐饮、文创产品、茶饮酒馆、非遗小吃、陶艺体验、民宿酒店、数字文创、潮流杂货等沉浸式体验项目的业态招商，下一步将结合市场需求开发餐饮、咖啡吧、书吧、民宿等多种业态；利用金沙海与马湖府古城，开发金沙海边，策划建设别具特色的古建筑天然博物馆，打造沉浸式旅游；利用研学旅游的相关政策，将研学课程与马湖府文化相结合，打造多种内容丰富的主题研学旅游，让保护与利用充分结合，传承绽放马湖府的历史文化。

## 第二节　赵一曼故居的保护和开发实践

### 一、基本情况

赵一曼故居是赵一曼烈士的出生地和主要成长地，位于宜宾市翠屏区白花镇一曼村一曼组伯阳嘴，始建于清代，坐北向南，悬山式土木结构，占地面积为 2 072 平方米，建筑面积为 1 100 多平方米，是一座规模较大、带有庄园性质的传统川南民居建筑，有用于祭祖的正屋、居住的厢房、进行药铺经营和私塾教育的房间、碾米磨面的碾坊、酿酒的糟坊，也有长工居住的地方和用于安全防护的围墙等。赵一曼故居存有大量赵一曼遗物（见图 5.2）。

图 5.2　赵一曼故居

### 二、修缮提升

为加强对赵一曼故居的保护，2013—2014 年，原宜宾县人民政府对赵一曼故居进行了修缮保护，完成消防、安防、防雷、布展等配套工程，并于 2014 年 9 月对公众实行试运行免费开放。2015 年 10 月 25 日，在赵一曼诞生 110 周年之时正式免费对外开放。同年，在赵一曼故居新建占地面积为 10 亩的赵一曼纪念园。该纪念园以浮雕、碑林为主，包括党和国家领导人的题词、赵一曼战友等人的题词、鲁迅文学奖得奖诗人等纪念赵一曼的诗作等内容。

2021 年，翠屏区人民政府（2018 年，因行政区划调整，白花镇划归翠屏区管辖）再次对赵一曼故居实施修缮提升工程。此次修缮提升工程包括完善赵一曼故居内部陈列展览，建设党群服务中心、游客活动中心、停车场以及广场入口等。为进一步提升赵一曼故居的展览陈列效果，在修缮提升工程中运用了多种创新手段，如将赵一曼的相关文献、影像与历史事件融合，便于参观者理解。同时，还建设了志愿服务站，围绕赵一曼事迹设置了红色观影区、红色传记阅读区、家书写作区等，充分用好用活红色资源。此次修缮提升工程还按照国家 AAA 级旅游景区建设规划进行了功能分区，对景点进行了布局调整，设置了“母亲的菜园子”“父亲的药铺”“人生历练”“走出一曼”四个章节，完整地展现了赵一曼从 1905 年出生到 1926 年离开白花镇这 21 年的青春成长历程。

2005 年，赵一曼故居被公布为市级爱国主义教育基地；2002 年，赵一曼故居被列入省级文物保护单位。2005 年，赵一曼纪念馆（故居）项目被列入全国 100 个红色旅游经典景区。2019 年，赵一曼故居被评为国家 AAA 级旅游景区。2021 年，赵一曼故居所在的一曼村被中央组织部、财政部列为“全国红色美丽村庄”试点村。

## 三、发展规划

### （一）总体思路

赵一曼故居是赵一曼烈士的出生地和主要成长地，是爱国主义、革命传统教育的重要基地和著名的红色旅游景区，国家立项的“红色旅游”重点景区之一。目前，赵一曼故居已被评为国家 AAA 级旅游景区。发展规划以赵一曼故居为载体，坚持红色引领、山水相伴的发展原则，深入挖掘红色资源承载的精神内涵，通过弘扬一曼精神，传承一曼文化，建设集文化体验、研学教育、拓展培训、生态游览等多功能于一体的红色田园综合体，建成国内知名的红色旅游目的地，打造一曼故里中国红色地标。

### （二）突出赵一曼故居文物保护，加强一曼精神载体建设

发展规划以传承一曼文化为核心，加大对省级文物保护单位赵一曼故居的保护力度，通过多种形式活化文物资源、展现革命文物价值。按照

《四川省传统村落保护条例》的规定对一曼村进行管控；对赵一曼故居的管控范围为故居堂屋明间向东外延 25 米，向南外延 70 米，向西外延 25 米，向北外延 30 米。对村落民居风貌进行整治，新建建筑应体现“青瓦出檐长、穿斗粉白墙、宅前敞院坝、四周立檐廊”的风貌格局，屋面色调以深灰的小青瓦、筒瓦为主，墙面以白色为主，辅以乳白色、浅米色，点缀色以门窗框的仿木色、玫瑰的蓝绿色及镂空花砖呈现的灰色为主，整体体现川南传统民居清雅的色调，与自然环境相融合。

（三）主题分区建设

赵一曼故居红色旅游景区规划分为三个主题区：“瞻仰伟大的初心”“学习伟大的初心”和“感受伟大的初心”。

“瞻仰伟大的初心”主题区分为两个板块。第一板块为“初心板块”，以翠竹为灵感，聆听和感受革命家的初心，打造翠竹长廊、初心亭、初心小院等项目；第二板块为“一曼人生板块”，围绕赵一曼的人生经历，打造一曼素食餐饮、向上廊、坤泰树阵、红色火种读书台、一曼精神纪念碑、父亲的药圃、铭廊默谒、锦绣碑林、追远轩、一曼书院、血沃中华湿地公园等项目。

“学习伟大的初心”主题区分为学文、学武两个区域。学文区域突出把学习落到阅读、写作、宣讲上；学武区域以赵一曼生平为创意点，把学习落到军事训练和红色历史考察上。学文板块打造一曼精神学习中心、一曼文化写作小屋、一曼故事宣讲广场等项目；学武板块打造宜宾女儿军事拓展训练基地、密林女王山地运动休闲区等项目。

“感受伟大的初心”主题区以习近平总书记关于初心与使命的重要论述为指导，结合赵一曼的“幸福碗”故事，展现白花镇的乡村振兴成就，呼应赵一曼的初心。该区域拟打造一曼乡创中心、幸福巷、复兴里等项目。

（四）打造红色旅游精品线路

将赵一曼故居与李庄古镇、朱德旧居、李硕勋故居等市内红色旅游景点、革命纪念地、旧址故居等进行组合串联，形成红色旅游精品线路。

“初心之旅，红色宜宾”一日游：赵一曼纪念馆—赵一曼故居—郑佑之故居—郑佑之纪念馆。

“红色主题深度自驾游”：宜宾中心城区—赵一曼纪念馆—赵一曼故居—郑佑之故居—郑佑之纪念馆—朱德旧居—江安国立剧专—余泽鸿故居—西部竹石林—僰王山—兴文石海—李硕勋故居—李硕勋纪念馆—阳翰笙故居。

## 第三节　半丘塘民宿开发实践

半丘塘民宿坐落于宜宾市翠屏区李庄镇安石村，总建筑面积为670平方米。半丘塘是当地村民取的名字，源于周边的环境一半是山丘，一半是水塘。半丘塘距离宜宾中心市区约20千米，距长宁县3.5千米，紧邻宜长公路、李长路，距离李庄古镇8千米。

### 一、民宿的主题

半丘塘以“日常的诗意”为主题，意象由李庄梁思成、林徽因故居借意而来，不刻意突出装饰和外表，强调建筑本身质朴的内在，令游客在自然的环境中浸入充满诗意的氛围，回归炊烟袅袅的乡村生活，营造自然淳朴的居住环境，唤醒游客最初的简单与快乐。民宿包容、简淡、宁静、不张扬，却丰盈，与安石村美丽自然、闲适恬静的自然人文环境相得益彰。

### 二、民宿的风格

半丘塘民宿是青年先锋建筑师王硕和张靖团队的作品。设计师运用青瓦、灰泥、褐木等地方乡土建筑元素，奠定了民宿建筑的至简基调，同时融入安石村的自然风物元素，为“半丘塘民宿”打上独属于安石村的乡村烙印（见图5.3）。民宿项目选址在安石村核心地带的一个浅丘上，四面环水，视野开阔。设计师将空间设计融入自然环境，使民宿成为整个空间的锚点，在尊重原有地貌的同时，形成场地周边景观和建筑空间使用者之间的联结。场地西侧是怡然自得的山水风光，东侧及南侧是村民怡情劳作的田园，东南及东北是秀雅的竹林。在设计中，建筑师充分考虑了入住者的观景需求，保证住客在民宿中能将不同的山水田园景致收于眼底，达到体验本地生态文化和独一无二的景观体系的目的。

图 5.3　半丘塘民宿

## 三、民宿设计

半丘塘民宿由大堂、茶亭、客房、LOFT 客房四栋建筑连贯而成，院内和院外都有开敞面，环境通透，建筑内每一个房间的朝向都是遵循场地及周边景色选择的最佳观景方位，一间一景，院落与环境之间“围而不合”，住客与景色之间“透而不露”。民宿设有八间精品客房，营造出与新建筑有机结合的内部空间。其中，别具特色的 LOFT 客房独立成栋，面朝北侧大地艺术区及游客中心，是整个景区建筑群的制高点。

## 四、服务特色

半丘塘民宿立足于当地的特色文化，创造出具有人情化、个性化、景观化、地域化及文化内涵的公共空间环境，并利用当地的民俗资源和环境资源等，为客人提供丰富的旅游体验；同时联合周边乡村自然人文资源和景区开展各种主题体验活动，充分满足游客休闲娱乐、交流交往和文化体验的需求，丰富游客的旅游行程，增强了民宿的吸引力。在半丘塘民宿，游客可以参与户外徒步、稻田农事活动、水果采摘活动等，参观安石村的建筑设计展览，参与音乐节、乡村市集活动，参与地方特色竹编创作、手工创作活动，参与读书、诗歌朗诵活动，等等。此外，半丘塘民宿还提供了安石醉、李庄白酒、安石烧酒、李庄白糕、宜宾燃面、李庄蒜泥花生、叶儿粑、凉糕等地方特色饮品、传统小吃、名牌食品等，为游客提供了充分感受翠屏区地方美食文化的契机。

### 五、社会效益

半丘塘民宿积极推进所在乡村安石村的乡村振兴、文化传承、保护与推广活动。半丘塘民宿应充分发挥客源优势，带动安石村相关产业的发展，将民宿打造为乡村物产的展示空间、体验空间与消费空间，延伸乡村旅游产业链，将本土农特产品推销给游客，带动消费。半丘塘民宿吸引了本地青年回归乡村，为本地青年提供优质的就业岗位，满足乡村青年的职业发展需求，使他们成为乡村建设的中坚力量。2023 年，半丘塘民宿被评为四川省第三批天府旅游名宿。

## 第四节　乡土民居活化利用实践

近年来，宜宾市探索了不同的乡土民居活化利用实践，既保留了乡土民居的原始风貌和历史文化，又赋予了乡土民居新的功能和意义，为乡村振兴和文化传承提供了有益的经验和启示。

### 一、胡坝村史馆

胡坝村位于宜宾市翠屏区宋家镇北部，因是胡姓家族居住的地方故得名胡家坝，进而取名胡坝。为了保护和传承胡坝村的历史文化，当地政府对一处民居进行了改造修缮，建立了胡坝村史馆（见图 5.4），并于 2019 年向公众开放。该村史馆以“望得见山、看得见水、记得住乡愁”为理念，以“胡坝记忆、乡间日子、乡间百味”为主题，展示了胡坝村的发展变迁、风俗习惯、农耕文化、农家生活等方面的内容，让游客感受到胡坝村的乡土魅力和文化价值。

图 5.4　胡坝村史馆

胡坝村史馆主要分为三个部分。第一部分为“胡坝记忆”，主要展示胡坝村的总体情况和变化，包括胡坝如何得名，胡坝现居人群的早期来源，占总村民人口一半以上的江氏家族的迁入历史，从外地迁入并定居于此的其他家族的历史及胡坝的风俗习惯等。第二部分为“乡间日子”，主要展示日常使用的农用产品、农机具，包括老式的纺车、织布机、缝纫机，胡坝地区的传统建筑制式、建筑工艺等。第三部分为“乡间百味”，主要展示胡坝昔日的生活状况及农特产品，包括传统农家厨房、农家饭常用食材、常见菜品等。打造“舌尖上的胡坝”，勾起游子记忆深处的味道。

## 二、 三元号川南“春酒”体验

宜宾市高县坐落在长江第一支流南广河河畔，享有“乌蒙西下三千里，僰道南来第一城”的美誉。位于高县庆岭镇桥坎社区的三元号是一家传承百年的老店，老板曾氏传人是“湖广填四川”时从广东迁到高县的，后利用自己的房屋开展餐饮接待，并挂上了“三元号”招牌。

三元号所在的房屋是一栋传统川南民居，三合院木板壁瓦屋，门窗雕花，门枋上呈黑底色，显现出古老沧桑的气息。三元号将传统乡土民居与地方民俗“春酒”相结合，打造出富有高县地方文化特色的体验。

“春酒”是高县的一项传统的民俗活动，是在春节期间家家户户请亲朋好友来家里喝酒、吃饭、聊天、祭祖的一种习俗。“春酒”的由来很早，最早可以追溯到西周时期，是一种庆祝丰收、祭祀祖先、增进感情的仪式。高县的“春酒”有着严格的礼仪和程序，从迎接客人到安排座位，从敬酒到搛菜，从端茶到送客，都有一定的规矩，而且制作的食物也很讲究，要求形、色、味俱全，是难得的美食享受。三元号不仅展示了“春酒”的历史和文化，还让游客参与到“春酒”的制作和品尝过程中，让游客感受到了高县人民的热情和淳朴（见图 5.5）。

图 5.5　三元号川南“春酒”

## 三、阳翰笙故居党史学习教育基地

阳翰笙故居坐落于宜宾市高县罗场镇南华街，建于清朝乾隆年间，迄今已有 200 余年的历史。阳翰笙故居呈三合头院落，坐北朝南，总体由主体房、院坝、后花园组成，占地面积为 1 163 平方米，主体房建筑面积为 319 平方米。正房为悬山式布瓦穿斗式结构建筑，中间为堂屋，左右次间为四间寝室（有阁楼）。大门为双开四抹隔扇门，属典型的川南民居。阳翰笙故居内完整地保留了当年阳翰笙的居室、堂屋、书房等共 11 间。阳翰笙故居现有馆藏文物 35 件（套），是了解和缅怀阳翰笙同志的重要场所（见图 5.6）。

图 5.6　阳翰笙故居党史学习教育基地

2022 年，高县阳翰笙陈列馆进行提升改造，主要包括大门及前院修缮、翰苑升级、翰笙生平事迹展厅改造，并新增了阳翰笙诗墙、阳翰笙书信墙、阳翰笙文物恒温恒湿展柜、阳翰笙创作年鉴和多媒体放映等。阳翰笙故居现为市级爱国主义教育基地、宜宾市党史学习教育基地。

## 四、大屋酒吧

大屋酒吧位于宜宾市翠屏区李庄镇安石村，是一栋具有川南民居特色的传统建筑。该建筑已有 100 多年的历史，在改造使用之前是一栋危房。2019 年，在建筑师温钦皓的指导下，该建筑被改造成了一家民谣酒吧，成为安石村乡村旅游的一个亮点（见图 5.7）。

在大屋酒吧的改造过程中，建筑师保留了传统乡土民居的风格特色，针对民居年久失修的问题，采用了“拆解重组”的方法，将原有的建筑结构拆开，保留了能够使用的部分，替换了不能使用的部分，使得建筑既有新旧对比的视觉效果，又有稳固安全的结构性能。同时，在建筑外观保留川南民居风格的同时，内部则采用了现代化的设计和装饰，形成了一种新旧对比的视觉冲击。如改造中保留了支摘窗，这是一种明清时期流行的窗户形式，常见于民居和宫殿等建筑中。支摘窗的特点是上下两段可以分别开启和关闭，上段可以向外支起，下段可以向内摘下，因此得名。支摘窗既有通风采光的功能，又有美观装饰的作用。

图 5.7　大屋酒吧

## 五、安石乡村书局

安石乡村书局位于宜宾市翠屏区安石村，建筑面积约为 340 平方米。安石乡村书局的建筑外观采用了白色的墙面和玻璃窗户，形成了一种简洁而美观的视觉效果，也使得室内空间充满了自然光线和田园景色（见图 5.8）。安石乡村书局的建筑内部则按照功能进行分区，包括大厅、多功能厅、图书存放区、阅读区等，共有各类图书 4 000 多册、电子阅读设备 3 套。

图 5.8　安石乡村书局

安石乡村书局的建筑设计中融入了许多富有创意和寓意的元素。该建筑以前是一个“L”字形的闲置农房，建筑与道路高差有 5 米，设计师利用了“学而时习之”中的“之”字形的道路设计，既解决了建筑与道路高差较大的问题，又寓意为“书山有路勤为径”。设计师还借鉴了“孔子树下讲学”的场景，将原先民居主楼西侧内部的一、二层打通，在其中植入两棵“大树”，既增加了建筑的稳定性，又形成了一个独特的阅读空间，同时也是装饰性元素，为室内空间增添了生机和趣味。

为了满足不同读者的喜好和需求，安石乡村书局提供了农技书籍、儿童读物、本地文化书籍等各类图书。同时，安石乡村书局还与党员活动室、村党群服务中心、爱国主义教育基地等基层公共服务阵地共建共享，广泛开展主题阅读活动和理论宣讲活动，传播党的方针政策和科学知识。除提供阅读服务外，安石乡村书局还开展了多种形式的文化活动和技能培训。例如，进驻安石村的艺术家们利用农家书屋活动阵地组织手工、陶艺、建筑等艺术培训，让村民在农家书屋学到艺术创作技能；“童伴妈妈公益课堂”“农业科技下乡”“技能培训系列”等机构也在安石乡村书局开展各类技能培训，让村民们学习新技能，增强就业、创业的能力；“手工剪纸大比拼”“安石有趣公益课堂”等趣味活动，让村里的孩子们在快乐地学习过程中，感受到美的力量，提升动手能力。

在服务村民的同时，安石乡村书局也成了一个旅游景点，吸引了许多游客前来打卡，成为安石村乡村旅游的一个重要节点。

## 第五节　乡土民居文化元素的创新应用实践

### 一、兴文石海世界级旅游目的地游客中心

#### （一）基本情况

世界地质公园“兴文石海”坐落于四川盆地南缘山区、兴文县境内，奇峰罗列，溶洞纵横。兴文是古代僰人繁衍生息和最终消亡之地，也是四川省最大的苗族聚居地。石海自然景观文化与僰苗民族文化在此交相辉映，形成了独特的世界级旅游目的地。兴文石海世界级旅游目的地游客中

心位于兴文县中心区域，紧邻兴文高铁客运站和兴文汽车客运中心站，是连接城市与兴文石海等旅游景区的纽带。

（二）创新应用

（1）形式与功能兼备的城市文旅建筑。不同于景区中的游客中心，兴文石海世界级旅游目的地游客中心作为城市型的游客中心，兼具鲜明的文旅性与独特的城市性（见图5.9）。该游客中心的设计彰显了文旅建筑地标性，在反映当地地理文化特征、民族风情的同时，与周边城市空间有机相融。根据旅游服务综合体功能的需求，兴文石海世界级旅游目的地游客中心的建筑功能包括旅游咨询、文化展示、交通中转、服务保障、游客接待等。

**图5.9　兴文石海世界级旅游目的地游客中心**

（2）反映地域特征与人文情感。该游客中心的设计综合考虑了景区特征、自然特征、人文特征三个维度。从兴文石海最具代表性的石海自然景观文化与僰苗民族文化中提取概念，构成“石海欢歌”的整体理念。撷取“跳舞的石头”的景区意象与自然象征意义，有机错落的空间构成与当地龙纹石材质相结合，彰显了自然山石苍劲的气韵。从苗族盛装寻求灵感，将“舞动的盛装”这一意象与情感色彩进行含蓄的抽象化表达。纹饰符号作为苗人记录历史的方式反映了苗族文脉语境。该游客中心的设计抽取了纹饰结构，通过当代性的语汇对其进行转译，运用三角形母题抽象表达

“盛装舞动”的民族文化意象。分形裂变的三角形建筑表皮如同裙摆上的刺绣图案，对比强烈的虚实关系与色彩关系明确激昂地烘托出苗族原始、炽热的情感色彩，唤起特定地域的场所记忆，构成了兴文石海世界级旅游目的地游客中心建筑自身的人文特质。

## 二、李庄文化抗战博物馆

### （一）基本情况

李庄文化抗战博物馆位于李庄古镇月亮田景区，毗邻近现代建筑史的重要史迹——中国营造学社旧址，由同济大学设计。李庄古镇是同济大学的第二故乡。面对日军侵略，同济大学于1940年西迁至此坚持办学。李庄文化抗战博物馆占地面积为16亩，建筑面积约为10 160平方米。该博物馆展陈以“文化脊梁 中国李庄”为主题，分为序厅、家国情怀·大义李庄、风雨共济·文化抗战、星火永续·共谱华章和尾厅五大部分，全面系统地回顾展示了1940—1946年李庄文化抗战的岁月，彰显了李庄古镇在赓续中华文脉方面作出的突出贡献。

### （二）创新应用

李庄文化抗战博物馆的设计以川南乡土民居为基础，旨在营造兼具当代性、在地性和文化性的建筑景观，承载反映李庄人的包容、爱国情怀。

在建筑设计方面，李庄文化抗战博物馆以“漂浮的飞檐”回应当代建筑的建构逻辑特征，以“重构的瓦院”回应川南民居的地域文脉特征，以“内化的古镇”回应千年古镇的街巷空间特征，以“流动的历史”回应文化抗战的历史情境特征，体现了“四手相握，文化之脊”的设计理念。

在外观形制方面，李庄文化抗战博物馆的整个建筑采用川南民居风格，上面是两个“回”字，采用川南梯田回字形，所有屋面采用预制青瓦板铺装而成，整个外墙面也是由青瓦构建的线条。为了避免对古镇肌理造成破坏，设计团队将建筑高度控制在两层，并通过建筑形体错位的手法，在基地的西南侧和东侧开辟出两个小广场，以此将割裂的街巷空间织补起来，使整个场地呈现出完整而开放的态势——更适合人们聚集和交往。通过将古镇的形态抽象、内化，设计师把具有复杂的图底关系的传统街巷空间转化为博物馆空间架构和流线组织的原型。平面布局对川南民居合院四水归堂形制加以演绎，呈四手相握的姿态，隐喻多元文化之脉汇流于此。形态塑造化用当地传统民居的飞檐，既保留了原型的特征曲度，又以非常规的体量凌空而出。

在细节体现方面，李庄文化抗战博物馆的设计师将当地传统建筑中用的瓦片剖切，以一定的节奏韵律排布，浇筑于预制的混凝土外墙板中，呈现其弯曲的剖面。形成独具特色的小青瓦渐变混凝土预制大板，以这种方式“重构瓦院”，来回应川南民居的地域文脉特征（见图 5. 10）。

图 5. 10　李庄文化抗战博物馆

## 三、双河镇灾后重建项目

### （一）基本情况

双河镇位于宜宾市长宁县南部，是一座拥有 1 300 多年历史的千年古镇，山川秀美、文化底蕴丰厚，因东溪、西溪两水环绕，得名“双河”。双河人喜用葡萄井水制作凉糕，制作的凉糕具有绵扎细嫩、入口清爽、回味香甜的特点，形成了独特的地方饮食品牌“葡萄井凉糕”。2019 年 6 月 17 日，双河镇遭受了 6. 0 级地震，震后为大力扶持地方特色产业发展，有关部门按照“两海驿站 · 文旅双河”的发展定位，启动双河重建工作，由同济大学建筑设计研究院设计、改造建设了“凉糕一条街”、大师文旅建筑群等项目，希望通过重建项目的设计与建设，打造集文化旅游、商贸、社会服务于一体的古镇文化旅游，开发双河旅游度假小镇，带动地方旅游发展，重建美好家园。

（二）创新应用

结合双河“千年盐城 凉糕故里”的深厚底蕴，同济大学建筑设计研究院以“北极耀古镇 · 七星映东溪”的设计理念为指导，改造提升了“凉糕一条街”，新建“两海驿站”、竹食研发中心、竹文化馆、竹宴全席馆、凉糕非遗博物馆、感恩奋进馆、同舟共济广场七个现代风格大师建筑群，打造了葡萄井集中聚居点，整个区域整体建筑风格以川南民居与明清民居的灰瓦白墙双坡面建筑为主，重塑双河六街十八巷的历史布局。

“凉糕一条街”总长约 400 米，集中了凉糕经营户，是一条集商贸、美食、休闲、娱乐于一体的特色小吃美食街。在建筑特色上，“凉糕一条街”通过双坡瓦、屋顶悬山设计，充分展现了川南传统民居的特色，建筑色彩按顶深灰、上白、下中灰三个基调组织，融合双河特色文化元素与现代生活元素。

“双海驿站”以斗形柱为原型要素，通过空间网架的结构技术形成连续曲面，突破传统建筑内外空间的清晰界限，打造自然流动、融入自然、并充分享受自然的绿色空间造型建筑。

“竹文化馆”建筑概念取自双河镇多云多雾的意象和竹庐古代归隐田园的象征，将云烟流动交织之态抽象为双螺旋互相嵌套、自由流动的建筑形态，利用互相嵌套的空间组织形式，形成文化馆内部连续、流动、开放而具有趣味性的展览空间。

凉糕非遗博物馆以传承凉糕非物质文化技艺为主题而建造（见图 5.11）。其设计理念以“勺取反宇，高屋建瓴”为主题，造型从勺取凉糕的动作中获得灵感，其形状就像取了一勺放在盘中被竹刀打散为九个小块的凉糕。凉糕非遗博物馆内由非遗特色产品展示厅、农耕场景展示厅、创客空间、凉糕制作坊、红糖制作坊、凉糕体验区、非遗文化体验区、授业坊等组成，将综合运用场景还原、实物呈现、趣味互动、沉浸体验等多种形式，展现多姿多彩的地域文化。

葡萄井集中聚居点思源小区则采用“政府统规、委托统建、群众自筹、政府配套”的集中重建模式，建筑风貌为“青瓦、白墙、木格窗”的川南民居风格。葡萄井聚居点建成后，住户们自发地将聚居点取名为“思源小区”，寓意“饮水思源，不忘党恩”。

图 5.11　凉糕非遗博物馆

## 第六节　美学乡村安石村

### 一、基本情况

安石村位于宜宾市翠屏区李庄镇，全村辖区面积为 5.34 平方千米，共有 7 个村民小组、2 341 人，以渔业养殖、农业种植为主，这里保存了完好的自然山水肌理，丘陵、丹霞地貌。过去很长一段时间，这里只是一个不为人所知的小村庄，没有特色优势产业，劳动力大量外流。通过推进乡村振兴，打造美学乡村，改变了安石村的村容村貌，重塑了乡村美的外在，更改变了传统的生活方式，让乡村的人、乡村的产业更具活力，成为热门旅游“网红”打卡地和远近闻名的乡村振兴新样本，成功入选“省级乡村旅游重点村”，被新华网评为“四川首个乡村文艺复兴美学村”。

### 二、乡村振兴之路

安石村处于宜宾“五区六廊”宜长兴乡村振兴走廊重要节点，乡村振兴项目于 2020 年 4 月全面启动，规划通过村集体经济组织、村民主体、投资公司、文旅公司共建（以下简称“四方共建”）的方式，打造“三生融合”的农文旅融合发展综合体。

安石村通过“四方共建”的运营体制，启动项目成立了投建公司和运营公司——安垚文化旅游有限责任公司，村集体占股51%，农投公司占股49%。同时，安石村全面完成了农村集体产权制度改革，确权颁证，集体经济组织成员通过保底分红、收益分配、自主经营、投入劳动力等获得收入。

在生态方面，安石村通过展现田园风光之美，恢复稻鱼鸭共生的农业遗产系统，实行综合种养，实现一水三用、一田多收，可持续的生态发展，促进乡村生态修复。

在生产方面，安石村通过促进农户持续增收，做优产业，建立乡村发展支撑，以“安石有渔”作为核心IP带动产业发展，着力培育“稻鱼鸭”综合生态种养模式。

在生活方面，安石村通过实施共营共享、生活一体，培育乡村生活的活力业态，打造原住民、新学人、新村民、游客互为交融的景象。

在品牌建设方面，安石村以“安石有渔”打造农文旅品牌。一是以大米讲述粮食安全的故事，二是以渔业讲述渔民上岸、产业转型的故事。安石村不仅为市民、游客的餐桌提供了有机粮食、鲜美渔获，更是“长江禁捕”后“渔民上岸、产业转型”的承载之所。

## 三、美学乡村的打造

### （一）乡村原貌

安石村为川南浅山形态，呈西高东低走势，梯级递延而下。林木以竹林、桉树林为主，李树等果树散落在田间地头，生态植被形态较单一。田地呈现浅丘形态，原乡村民居散布在山林田地之间，以川南特色风格民居、2~3层砖房为主，新旧建筑并存，建筑风格较为杂乱，无特异性优势资源。

### （二）规划设计理念

#### 1. 总体规划

打造“四区两线、十院十景”。其中，四区即大地艺术区、渔业生态区、稻鱼共生区、郊野运动区，两线即田园体验线和文旅休闲线。在对乡村风貌进行改造时，安石村依据业态对建筑外部进行重新设计整改，通过“保护修缮+原址重建”策略，将其打造成为融入生态大环境、低密度布局、背山面水的川南民居爬山式聚落，形成文化中心、半丘塘民宿、安谷房、酒工坊、青年旅舍、山水柴院、安石书院、造艺创生、遵生小院、“竹艺+”等经营业态与建筑风格相融的“十院十景”。

### 2. 民居改造设计理念

安石村的乡村建筑设计团队分别来自北京、上海、南京、成都等地。如安石文化中心是南京大学建筑学院教授张雷团队的作品，温钦皓老师承担了整个村的设计统筹。该设计团队在对安石村的改造设计中突出了“粉墙黛瓦飞檐长，悬山挑斗古色香。宅前花木幽映月，清风入院穿回廊”的美学意向，着重考虑安石村景观以优美的浅山形态与大地田园风貌整体效果相融，建筑及配套则根据具体需求设计，兼具经济性与艺术性，重视细节处理，形成地方特色。同时因地制宜，针对每栋建筑自身的特点进行设计，在保留历史原真性的同时赋予每栋建筑不同的特色。

## （三）美学效果

“安石之心”是安石村最具标志性的景观（见图 5.12）。在一片清澈的池水中，一颗镂空的“稻米”静立其中，在开敞的田野间格外醒目。其设计灵感取自安石村盛产的大米，由何其兵创作设计。宜宾市翠屏区坚持“长江首城必须是生态第一城”，围绕“长江禁捕、渔民上岸、产业转型”的要求，确立了在安石村建设以“酒乡渔美”为主题，以“稻虾轮作、稻虾共作”为主要模式的乡村振兴示范村。“安石之心”即是安石村对保障粮食安全要求的回应。

图 5.12 “安石之心”

安石文化中心承载了乡村文化活动、论坛展览、村民培训、游客服务等众多功能。其墙体采用地方红砂石，既具有防潮作用，也有吸收噪音的功能。安石文化中心的砖、墙、石等都采用当地材料，表现了建筑与大地融合、与自然共生的可持续理念。安石文化中心正面的木质结构采用地方传统穿斗建筑文件元素，同时又进行了创新，如屋顶和自然结合在一起，增加了大量绿植，台阶中专门留了缝隙，待植物生长后，建筑和自然融为一体（见图 5.13）。

**图 5.13　安石文化中心**

遵生小院是休闲餐饮的场所。“遵生”二字取自古代中国养生著作《遵生八笺》，反映了古人诗意的生活方式。在遵生小院的设计中，设计师温钦皓借用传统的艺术品修复的“锔瓷”手艺，将原有的三栋独立农房进行空间整合，将其改建成一处在山水之间感受传统文化魅力的精神空间。

“竹艺+”是温钦皓团队设计的集办公与研究、产业开发于一体的工作室。俯瞰是一个三角的形状，就像吉他的“拨片”，寓意通过“拨片”撬动产业的琴弦，奏出乡村振兴的和谐乐章。

安石一家亲是富有安石特色的文化景观，以“礼”“乐”为基础，融入光影技术，发挥“以礼化人，以乐感人”的功能和作用。灯柱上的全村36个姓氏象征安石人团结一致、亲如一家，外围21个圆盘寓意着安石人正迈步在21世纪乡村振兴的道路上。

青年旅舍白墙灰瓦的院落朴素大方，红色的房顶代表了活力和热情，与青年旅社的“青年”二字相对应。室外空间和酒吧、餐吧旨在增加大家的互动，拉近彼此的距离。被环形平台贯通成一个整体的旅舍有9个房间，共36张床位，为大学生等年轻背包客所准备。青年旅舍除住宿外，还可以举行同学会、战友会，开展机构研学、产业教育、乡村会议、线下沙龙等丰富活动。

山水柴院基于对四川民居结构和空间的转译与重组，建筑采取十字风车形布局。十字空间徐徐延展，嵌入自然景观。大屋檐沿周边水塘铺开，引入最大观景面。弧形内院似十字风车旋动而成，划分了服务空间及被服务空间，内设包间、茶室、书吧及后勤服务等功能，对应不同方向的自然景观。在材料方面，山水柴院大量采用在安石村随处可见的柴，以不同尺寸的柴木穿挂成墙，透而不通，开而不敞。建筑所用的红砂岩，采用机器切割的红砂岩块鱼鳞状砌筑，丰富的表面肌理与此呼应。

## 第七节 横江古镇的保护与旅游开发

### 一、基本情况

横江古镇是国家级历史文化名镇，位于川滇接合部、宜宾市叙州区西南部。横江历史文化悠久、传统风貌保存较为完整，有多处文物保护单位和保存完好的传统民居，是宜宾市民居建筑保存最完好的古镇之一（见图5.14）。

横江古镇自古为川滇两省的水陆交通要道、交通驿站，形成了有别于其他川南古镇的民居建筑样式和街区风格。横江古镇至今尚存的杨家大院、周家大院、闵家大院等仍然保持着明清时期的古朴风貌。特别是朱家民居、肖公馆等更是川南乡土民居中的精品。现保留的建筑多为明清时期的风格。

图 5.14 横江古镇

## 二、古镇保护

（一）保护原则

采取整体保护的原则，保护古镇格局、历史街巷、传统院落、历史建筑、民俗文化以及古镇景观环境。在保护过程中，尊重古镇的历史文化内涵和地方特色，不得改变或损坏历史建筑的原貌和结构，不得建设或修建与古镇风貌不协调的设施或建筑。具体包括以下三个方面：

（1）在功能调整方面，根据古镇的发展需要，合理调整功能结构，优化空间布局，提高古镇的利用效率和服务水平。充分考虑居民的生活需求和利益诉求，改善居民的生活环境，提升居民的幸福感和归属感。

（2）在文化挖掘方面，在保护和功能调整的基础上，深入挖掘古镇的历史文化资源，丰富古镇的文化内涵和价值。充分利用古镇的文物古迹、传统风貌、民俗文化等，开展各种形式的文化活动，提升游客的参与感和体验感。

（3）在生态强化方面，强化古镇的生态本底，提升古镇的生态休闲功能。充分利用古镇周边的山水资源，开发休闲、娱乐、运动等项目，打造具有地方特色和生态价值的旅游景点。同时，要注意保护和恢复古镇周边的自然环境，严禁任何形式的开山采石、伐木毁林等破坏自然环境的行为。

（二）保护途径

1. 加强对古镇空间格局的保护

横江古镇的外部空间环境可概括为“一山一水一镇”。“一山”是指省级森林公园——石城山；“一水”是指横江河，由西向东环绕古镇而过；“一镇”是指建于横江河的河岸地带，因川滇贸易而兴盛的千年古镇——横江古镇。严格保护古镇的自然环境，注重历史文化环境的保护和文脉的延续，通过对古镇用地结构和使用功能进行必要的调整，使掩映于青山绿水之中的古镇的空间格局及山水风貌得以更加完美地延续和体现。

2. 横江古镇历史文化保护范围划定与保护要求

为了有效地保护和传承横江古镇历史文化遗产，横江古镇划定了三个层次的保护范围。

（1）核心保护区。这是古镇最重要的区域，主要包括集中分布的文物保护单位和历史建筑，如朱家民居、肖公馆、禹王宫、闵家大院等。核心保护区的具体范围为北至肖公馆北侧用地边界，南至规划 9 米道路，西至文明街，东至头道溪，占地为 12.36 公顷。在这个区域内，所有的建筑活动都要严格遵循“保护为主，抢救第一”的原则，不得改变或损坏历史建筑的原貌和结构。

（2）建设控制区。这是核心保护区周边一定距离内的区域，主要以麦子溪、规划滨河路与内昆铁路围合的区域为界，占地为 26.74 公顷。在这个区域内，所有的建筑活动都要经过规划部门和文物管理部门的审核与批准。新建筑要采用传统形式和材料，与传统民居相协调。

（3）环境协调区。这是建设控制地带以外、镇区内的其他区域，主要包括麦子溪以西和内昆铁路以南沿头道溪规划布局的新镇区。在这个区域内，所有的建设活动都要经过规划部门的批准，严禁以任何形式破坏自然环境。

3. 加强对传统民居和传统街巷的保护

横江古镇核心保护区内的建筑物根据其历史价值、建筑风貌、建筑质量等评价，分为五类保护或整治模式。第一类以保护为主：针对文物保护单位，如朱家民居、肖公馆等，按照《中华人民共和国文物保护法》的规定进行严格保护，划定建设控制地带，不得建设或修建与文物不协调的设施或建筑。第二类以修缮为主：针对历史建筑，如禹王宫、闵家大院等，按照《历史文化名城名镇名村保护条例》的规定进行修缮。其修缮原则是“只修不建，修旧如旧”，最大限度地保持原形制、原规模、原材料、原工艺，恢复其历史原貌。拆除院落中的搭建或违章新建部分。第三类以改善为主：针对传统风貌建筑，如一些具有地方特色的民居和商铺，保持和修缮外观风貌特征，不改变外立面原有的特征和基本材料。第四类以保留为主：针对与保护区传统风貌相协调的其他建筑，其建筑质量评定为“好”的，可以作为保留类建筑。第五类以整治改造为主：针对现代风貌建（构）筑物中与历史风貌有冲突的部分，采用传统的手法和材料进行整治改造。对于极差的建筑可以根据规划需要将其拆除。

4. 加强对非物质文化遗产的保护

横江古镇拥有丰富的非物质文化遗产，它不仅保留了许多老字号、老地名、历史名人文化等优秀传统文化，也有着独特的传统表演、传统手工技艺等。为了有效地保护和传承这些非物质文化遗产，一是对非物质文化遗产及其空间载体进行整体保护和“活态”保护。通过产业化、规范化的手段，发展横江的老字号、民俗手工艺等相关产业。二是对非物质文化遗产进行挖掘、整理、展示，提升其文化内涵和价值。包括优秀的传统表演，如川剧座唱、关河号子、横江山歌等；传统手工技艺，如酱园、酿酒、制糖等；相关的名人轶事，如朱大文、肖锡珍、石达开、普法恶等。三是保持地名的传统人文特色，不随意修改或变更传统地名和街巷的历史名称。

## 三、旅游发展规划

### （一）总体定位

以横江古镇为重点，依托石城山省级森林公园，以丝绸之路、茶马古道和商贸文化、战争文化为主线，以横江、石城山等自然山水风光及生态观光旅游为补充，多方位展示横江古镇的历史风情。依托川南旅游发展大环境，以历史促发展、以旅游促经济为目标，将以旅游业为龙头的第三产业作为古镇利用展示的主要途径。在传承和弘扬古镇悠久而厚重的历史文化的同时，致力于打造具有地方特色和文化内涵的旅游产品，提高古镇的知名度和吸引力。

（二）旅游发展思路

构建“镇域+古镇”的历史文化展示框架，建立系统化的整体文化展示体系。以古镇为主要内容，抢救和保护好古建筑、古街坊、文物古迹；利用古镇、古街、古建筑、传统村落和名人史事等，开展特色旅游。以镇域为辅助内容，展示镇域范围内山川形胜与文物古迹的相互关系，通过组织旅游线路串联形成带型文化展示廊道。依托古镇内文物古迹和自然景观，形成“一带两轴三区四点”的旅游发展格局。

一带：沿横江河形成的滨水景观带，是展示古镇河航运兴盛、商贸繁荣时期的重要区域。在此区域内，重建横江老码头，修建亲水文化旅游街及临街吊脚楼建筑，再现千帆如织、商贾云集的繁荣景象。同时，利用河岸空间，设置观景平台、休闲座椅等设施，为游客提供休息、观赏、拍照等功能。

两轴：古镇历史发展轴线和古镇文化展示轴线。前者以正义街为主体，展现古镇沿横江河生长变迁和传承发展的过程，突出其作为商业中心的地位和功能；后者以中心街为主体，与前者相呼应，是展现古镇传统格局和风貌的重要区域。在这两条轴线上，恢复或改造具有历史价值和地方特色的建筑与街巷，如禹王宫、闵家大院、机房大院、捷安商号、望嘴大院、邱家大院等。同时，在这两条轴线上设置各种主题的文化活动场所和服务设施，如文化展览馆、民俗体验馆、特色餐饮店、特色民宿等，以丰富游客的参与感和体验感。

三区：古镇核心风貌区、古镇滨河展示区和古镇建设控制区。前两者分别对应上述的两轴和一带，是古镇的重点保护和展示区域，要求严格遵循历史文化保护的原则，不得改变或损坏历史建筑的原貌和结构，不得建设或修建与古镇风貌不协调的设施或建筑。后者是古镇周边一定距离内的区域，是古镇的次要保护和展示区域，在不破坏古镇风貌的前提下可适当放宽建设控制，新建筑要采用传统形式和材料，与传统民居相协调。对于已有的与传统风貌不协调的建筑，要改造其外观形式和色彩。

四点：四个重要的景观门户节点，即规划滨河路的观景广场、中心街正对横江河的码头文化广场、古镇东侧的王爷庙广场以及古镇西侧正义街入口处的节点广场。这四个节点分别从不同方向引导游客进入古镇，是展示古镇历史文化场景的重要窗口。在这四个节点上，通过多元化的景观设计和功能设置，打造具有吸引力和辨识度的标志性空间，提升游客的参与感。

镇域以山川形胜与文物古迹为主要内容，展示镇域范围内山水景观与历史文化的相互关系，通过组织旅游线路串联形成带型文化展示廊道。在此范围内，重点保护和利用古墓、古崖、古树等历史环境要素，打造具有地方特色和生态价值的旅游景点。同时，利用山体、水体等自然资源，开发休闲、娱乐、运动等项目，提升古镇的生态休闲功能。

（三）开发古镇旅游线路

1. 古镇旅游线路

以古镇传统街巷、文物保护单位、历史建筑、滨河计古树为要素，由正义街、商业街、民主街、中心街、顺和街、小街、后街、流河巷、流场巷“七街二巷”串联形成古镇步行旅游环线。

2. 镇域旅游线路

以石城路旅游通道为线串联起镇域范围内的主要景点，形成东北至西南的带型文化展示廊道，规划形成五尺道—北斗岩崖墓—横江古镇—金钟村—石城山森林公园的旅游路线。

# 参考文献

［1］刘大馨. 追寻平民建筑的开山之作［J］. 中国图书评论，2013（7）：115-116.

［2］鲁道夫斯基. 没有建筑师的建筑：简明非正统建筑导论［M］. 高军，译. 天津：天津大学出版社，2011.

［3］袁晓菊，张兴国. 世界遗产白川乡合掌造民居的观察与思考［J］. 世界建筑，2023（1）：4-8.

［4］罗德胤. 乡土聚落研究与探索［M］. 北京：中国建筑工业出版社，2019.

［5］李志伟. 中国民居与地理环境［J］. 中学地理教学参考，1998（22）：35-36.

［6］陈志华，李秋香. 中国乡土建筑初探［M］. 北京：清华大学出版社，2012.

［7］吴良镛. 广义建筑学［M］. 北京：清华大学出版社，2011.

［8］铁雷. 乡村建筑的地区性、民族性及其当代表达［M］. 北京：清华大学出版社，2021.

［9］李晓峰. 乡土建筑：跨学科研究理论与方法［M］. 北京：中国建筑工业出版社，2025.

［10］潘玥. 西方现代风土建筑概论［M］. 上海：同济大学出版社，2021.

［11］季富政. 四川民居散论［M］. 成都：成都出版社，1995.

［12］刘敦桢. 中国古代建筑史［M］. 北京：中国建筑工业出版社，2022.

［13］刘敦桢. 中国住宅概说：传统民居［M］. 武汉：华中科技大学出版社，2018.

［14］刘致平，王其明. 中国居住简史［M］. 北京：中国建筑工业出版社，2000.

［15］梁思成. 中国建筑史［M］. 北京：生活·读书·新知三联书店，2022.

［16］李先逵. 四川民居［M］. 北京：中国建筑工业出版社，2009.

［17］季富政. 民居·聚落：西南地区乡土建筑文化［M］. 成都：西南交通大学出版社，2019.

［18］潘曦. 建筑与文化人类学［M］. 北京：中国建筑工业出版社，2020.

［19］曾坚，蔡良娃. 建筑美学［M］. 北京：中国建筑工业出版社，2018.

［20］冯骥才. 传统村落的科学保护［M］. 杭州：西泠印社出版社，2021.

［21］季富政. 巴蜀城镇与民居［M］. 成都：西南交通大学出版社，1996.

［22］潘玥. 向风土建筑学习：重读约翰·拉斯金《建筑的诗意》［J］. 时代建筑，2020（1）：188-191.

［23］郭秋月. 对中国传统民居建筑生态价值的溯源开思［D］. 长春：东北师范大学，2008.

［24］秦红岭. 乡愁：建筑遗产独特的情感价值［J］. 北京联合大学学报（人文社会科学版），2015（13）：58-63.

［25］余昉. 此时此地：当代乡土建筑中集体记忆的表达［J］. 华中建筑，2020（38）：110-113.

［26］马菁. 以文化旅游为导向的历史城镇保护与利用研究［D］. 重庆：重庆大学，2008.

［27］刘华领. 可作为文化遗产的古村落保护与旅游开发研究［D］. 武汉：华中科技大学，2004.

［28］单霁翔. 乡土建筑遗产保护理念与方法研究［J］. 城市规划，

2009（1）：57-66.

［29］王颢霖. 中国传统营造技艺保护体系研究［D］. 北京：中国艺术研究院，2021.

［30］单霁翔. 把握新农村建设机遇 积极推进乡土建筑保护［J］. 中国文物科学研究，2009（1）：57-66.

［31］高伟. 广西旧县村保护与复兴策略研究［D］. 广州：华南理工大学，2009.

［32］楼庆西. 中国古村落：困境与升级：乡土建筑的价值及其保护［J］. 中国文化遗产，2007（2）：10-29.

［33］文爱平，陈志华. 抢救乡土建筑 拯救乡土中国［J］. 北京规划建设，2006（3）：183-188.

［34］李冠群. 古城镇保护与开发浅析：以意大利古镇阿尔贝罗贝洛为例［J］. 福建建筑，2017（4）：24-26.

［35］谢霞. 艺术振兴葛家村［J］. 宁波通讯，2019（23）：68-70.

［36］薛劼. 成都平原场镇民居研究［D］. 成都：西南交通大学，2008.

［37］程宾. 成都平原场镇民居建筑装饰构件的研究与运用［D］. 成都：西南交通大学，2006.

［38］白芸雯. 川南乡村老旧民居屋顶形态更新研究［D］. 成都：西南交通大学，2018.

［39］林艺. 新农村建设与农村乡土建筑文化遗产保护的思考［J］. 玉溪师范学院学报，2010（26）：40-42.

［40］陈洁群，万凌. 传统建筑风水的生态解读与规划应用［J］. 装饰，2010（7）：135-136.

［41］曾宇. 川渝地区民居营造技术研究［D］. 重庆：重庆大学，2006.

［42］李光梓. 四川传统民居特色与旅游开发初探：以成都平原周边为例［J］. 改革与开发，2011（9）：130-131.

［43］吴雨路. 川西传统民居挑檐建构艺术研究［D］. 绵阳：西南科技大学，2017.

［44］康庄. 川南乡村传统民居院落空间研究［D］. 成都：西南交通大学，2017.

［45］季富政. 巴蜀聚落民俗探微［J］. 南方建筑，2008（5）：4-10.

［46］李星丽. 浅析道教美学思想对四川民居建筑的影响［J］. 中华文化论坛，2016（9）：170-173.

［47］亦心. 梁思成与“中国李庄”［J］. 中华建设，2005（8）：42-43.

［48］陈时洋. 从民居到民宿［D］. 重庆：重庆大学，2017.

［49］朱良文. 对贫困型传统民居维护改造的思考与探索：一幢哈尼族蘑菇房的维护改造实验［J］. 新建筑，2016（4）：40-45.

［50］王合文. 美丽乡村建设中乡土元素的应用：基于安吉黄浦江源精品观光带建设的探索与实践［J］. 建设科技，2018（2）：37-42.

［51］张晶晶，吴晓华. 乡土建筑元素在乡村景观设计中的再生与应用［J］. 山西建筑，2017（43）：25-26.

［52］建筑网. 从普通乡村到民居活态博物馆：河南修武县宰湾村空间提升计划/三文建筑［EB/OL］.（2021-07-28）［2023-05-12］. https://www.uibim.com/265293.html.

［53］张洪吉，罗勇，刘慧，等. 我国传统村落数字化保护技术研究现状与展望［J］. 资源开发与市场，2017（33）：912-915.

［54］张学东. 金沙江畔访古城［J］. 资源与人居环境，2021（5）：62-65.

［55］天津大学建筑设计规划研究总院有限公司顾志宏工作室.“兴文石海”世界级旅游目的地游客中心［J］. 当代建筑，2023（2）：96-101.

［56］章明，孙嘉龙，莫羚卉子. 同檐共景、向史而新：李庄文化抗战博物馆［J］. 时代建筑，2022（3）：110-119.